让**世界**成为你**的**主场

五〇后与八〇后
的成长对谈

李亦雯

刘曼辉

著

三联书店

图书在版编目（CIP）数据

让世界成为你的主场：五〇后与八〇后的成长对谈／刘曼辉，李亦雯著. 一北京：生活·读书·新知三联书店，2017.4
ISBN 978 - 7 - 108 - 05754 - 9

Ⅰ.①让…　Ⅱ.①刘…②李…　Ⅲ.①女性－修养－通俗读物
Ⅳ.①B825-49

中国版本图书馆 CIP 数据核字（2016）第 156753 号

责任编辑　黄新萍
特邀编辑　张志军
装帧设计　刘　洋
责任校对　王军丽
责任印制　徐　方
出版发行　生活·讀書·新知 三联书店
　　　　　（北京市东城区美术馆东街 22 号　100010）
网　　址　www.sdxjpc.com
经　　销　新华书店
印　　刷　北京隆昌伟业印刷有限公司
版　　次　2017 年 4 月北京第 1 版
　　　　　2017 年 4 月北京第 1 次印刷
开　　本　880 毫米 × 1230 毫米　1/32　印张 7.25
字　　数　171 千字　图 34 幅
印　　数　0,001 - 7,000 册
定　　价　39.00 元
（印装查询：01064002715；邮购查询：01084010542）

2012 年，在北海道富良野

2013 年，在美国圣巴巴拉

2010 年，在夏威夷

2010 年，亦雯在洛杉矶的办公室

妈妈刘曼辉，于 2012 年

左上：2007 年，全家在蓝色多瑙河
左下：2010 年，在美国西海岸
右图：2007 年，在维也纳

母女俩与陈愉（左二）夫妇

勇敢做最大胆的自己

陈愉

（前洛杉矶市副市长，畅销书《30岁前别结婚》的作者）

阅读这本书的初稿时，我回忆起自己当年写第一本书《30岁前别结婚》的日子。那是一段充满了喜悦又紧张的日子。喜悦，是因为写作的时间是和自己灵魂沟通的特别时刻，也是和自己成为好朋友的时刻。紧张，是因为我并不是出身豪门，花整整一年的时间只是写书而什么都不干，这对于我和家庭来说都有着不小的经济压力。在我写书的每一天里，我丈夫都会问我："有人会对你这本书感兴趣吗？"

所以当我的书成为长期畅销书时，我和大卫（我的丈夫）都松了一口气。在写这本书之前，我总觉得自己是个怪种。是的，我曾经担任过洛杉矶市的副市长，但是从小到大，我都不太合群，既不是纯粹的美国人，又与其他的中国孩子不一样。很小的时候，我就是一个梦想家，我的梦想总是很大，我不想生活就只是结婚、稳定下来，我总想改变这个世界。

后来，我发现其实很多中国的女性都和我一样，是个怪种。她们有比嫁人、依靠男人更大的梦想，正是因为她们的存在，我的书才如此畅销。更重要的是，现在，这样心灵相通的姐妹越来越多了。通过我的这本书，我遇到了许多优秀的姐妹，她们都和我一样，不那么合群，却决心要做最好的、最勇敢的女人，尽情地享受生活，在我们短暂的生命历程里最大程度地改变这个世界。

我的好姐妹之一亦雯，就是这样一位女性。通过朋友介绍，我认识了亦雯，我们一见如故，而且是如此相似——拥有梦想、喜欢挑战常规、不断有新想法；喜欢社交、时尚、美食与美酒；热爱探索新的国家、新的城市，遇见新的朋友；我们不满足只是栖身于这个社会，我们还要改变和引领世界。

亦雯，一个看似平凡的女孩，却拥有非同寻常的经历。她的生命中出现了很多奇妙的机遇。她敢于放弃多少人梦寐以求的赫赫有名的牛津大学，按照自己的喜好去规划人生。在世界顶级投资公司也不墨守成规，不断献计献策为公司开辟新的市场。现在又从投资转入精准医疗行业，把海外的先进技术引入中国。亦雯还特别热心于公益事业，在印第安纳州，她为美国学生做公益性演讲，介绍中国文化和中国孩子们的学习生活，当地报纸为此做了专题报道。在香港，亦雯成为香港妇女基金会的项目经理。她还是公益组织"赠予亚洲"最年轻的董事会成员。

我最欣赏的是亦雯有梦想就行动的果决，绝不找理由拖延。她坚持跳芭蕾十年，她在维也纳登台独唱爵士，她还做了一次电影演员——受邀参与由好莱坞著名导演唐·钱德勒（Don Cheadle）执导的电影《勇往直前》（*Miles Ahead*）的拍摄；她还入围东森电视台在北美的"东森新人王"选秀；已游走、居住过欧洲、美洲、亚洲的三十多个国家和五十多座城市。她还是我的书中所倡导的"30岁前别结婚"的积极响应者，虽然她身边有许多追求者，然而，她真实地对待自己，绝不为外界的标准而埋没自己的追求。

这本书是亦雯和她的妈妈合写的。我在洛杉矶见到了亦雯的妈妈——一位优雅、热情、充满活力的女性。很显然，她在培养孩子方面非常有智慧，也非常成功，给亦雯的成长提供了可贵的自由空间。作为两个小女孩的母亲，我自然要向亦雯的妈妈寻求独到的建议。

这本书的特别之处在于以母女对话的形式回顾生命的成长历程，解读当下女性面临的迷茫问题。书里见证了亦雯的人生轨迹：从北京外国语大学拿到欧盟奖学金到维也纳求学，接着到联合国工作，再到伦敦攻读研究生双学位，最后飞越太平洋去洛杉矶闯荡世界，在华尔街打拼，然后进入精准医疗与前沿癌症治疗领域。书中记载了她有趣的经历，分享了她求学、求职及面试的经验。书中还有两代人不同价值观、不同生活观的碰撞，有五〇后和八〇后对社会关注的敏感问题的探讨，包括如何做一枚快乐的剩女、如何平衡家庭和事业、妈妈和女儿如何做朋友以及如何探求人生目标。这一对平凡却又不一般的母女，在书中毫无保留地分享了自己生命中的经历、经验和遗憾，只希望可以为别的母亲和孩子减少些许迷茫，真是一本难得的好看、有趣又有用的书。

现在我的人生使命非常清晰：开创新的流行文化媒体，通过它去激励女性享受生活，做最大胆的自己。这不简单，我知道！生活总是充满来自各方的压力：经济的、社会的，更别说要去做那个完美的、苗条的又充满惊人能量的女性，还要让一切看起来轻而易举。在现在这个社会，要去找个地方深呼吸，获得充分的睡眠和运动，就已经很不容易了！所以我相信，我们彼此打气的最好方法就是分享我们自己的故事，通过彼此的故事学会微笑地成长，勇敢地做最大胆的自己！

那么，给自己倒一杯茶，好好享受这本书里的故事吧。我知道这些故事会让你想到你自己的生活、你自己的故事，也许看完后你也会开始写下你自己的故事。

（原文为英文。翻译：亦雯）

一个中国女孩的独特道路

杨燕子（Janet Yang）

（好莱坞知名导演、制片人，中美资深媒体人，"百人会"资深会员）

　　西方社会对中国不甚了解的是中国年轻一代的惊人的故事，简言之，这一代人将会改变整个世界。他们出生于一个特殊的年代，中国正在大量地吸收来自世界各地的信息与影响，而中国的年轻一代驾轻就熟地把这些信息和他们与生俱来的中国特质融为一体。他们是创新者，他们是大使，他们将成为各自领域里的明星。

　　亦雯就是其中的一员。她游刃有余地穿梭于不同的世界之间：不仅是中国和美国之间，还包括商界、政界、文化艺术和教育界，亦雯开辟了一条属于她自己的独特的道路。如果你希望了解并走上跨国界、跨文化、跨领域的旅程，务必翻开她的书。

（原文为英文。翻译：亦雯）

目录 CONTENTS

前　言

妈妈　教育孩子就是教育自己

女儿　八〇后的自勉与共勉

妈妈　教育孩子就是教育自己

我们都是在一个称为"家庭"的熔炉中锻造出来的。家庭不仅仅是一个有亲缘关系的集合体，还是一个由爱、欢乐、痛苦、伤害组成的复杂的集体，每个成员都会深刻地、以隐秘的方式影响着他人。家人的态度、价值观、习惯、性格往往会通过不经意的一句话、一个行为，为家庭成员刻上一个又一个印记。

每个人的家庭体系就是孩子的全部存在，父母是家庭的中心、核心和权威，孩子根据大人向他传递的每个信息来做出判断，并形成不易改变的价值观。如果父母是开朗、乐观的，孩子会倾向于认为：这个世界很美好，没有什么值得伤心的事，我是一个令人喜欢的孩子；如果父母谨小慎微，甚至猜疑保守，那么，孩子很可能会做出这样的判断：不能相信任何人，外面的世界不安全，我不讨人喜欢……

有一次在香港参加室外音乐会，我和雯雯请与我们同行的法国朋友为我们拍一张照片。这位法国人的行为给我留下了极为深刻的印象。他接过相机，然后迅速抓起雯雯放在地上的挎包和外衣，还不忘拿他的雨伞，于是，他的手里怪异地出现了一大堆东西——举起的照相机、雯雯的包、雯雯的外衣、他的一把长柄雨伞。而我们拍照的地方，是一大片空旷的场地，背后是维多利亚港。雯雯大声地说："不用拿包，放下来拍照。"但这个法国人却执意拿着一堆东西帮我们拍完。看到他那谨慎、严肃得有点过头的样子，我和雯雯笑得眼泪都流出来了。不仅如此，听音乐会时，他时时让雯雯关注我的感受：你妈妈冷吗？你妈妈问你话要赶快回答……

不要轻看这些行为，它传递了太多的信息：他的家庭、他的童年、他的教育背景、他的民族……

后来我得知，他出生在一个法裔犹太人家里。犹太民族是一个经历太多坎坷、有太多不安全感的民族，它的历史告诉它的一辈又一辈的后代：不要轻信任何人、安全是第一位的……

一个人的行为模式、思维习惯、生活状态和下意识行为，在很大程度上由家庭体系影响而成，尤其是童年时期的经历。

童年时期的孩子会像海绵一样吸收听到、看到的所有信息，而且是不加分辨地吸收。对于父母的谈话、父母的举止、父母的行为他们会深深铭刻在心，并溶于血液中。

我在家里的姐妹当中算是最节俭甚至是吝啬的，我的小气行为常被姐妹们所讥笑。

我们成长在同一个家庭。上世纪 50 年代初，父亲列为高干，每月的工资近 200 元，母亲解放前大学毕业，很早参加革命，工资也不低。在那个年代，3 分钱可以买一个鸡蛋，3 角钱可以吃一顿丰盛的中餐，我们的家庭并不贫寒。

而我，为什么与姐妹如此不同呢？

在我 2-5 岁的童年时代，父母工作忙，把我放在北方与奶奶同住。奶奶没让我上幼儿园，而是每天带着我到田野里翻找收过地的红薯、土豆，到市场里捡菜叶子，在路边捡干树枝。我还记得，每当我发现一粒花生或捡到半截红薯时，奶奶就会切一小块煎饼作为奖赏。为了这一小口饼，我会更卖力地去捡、去找。

当我 5 岁多回武汉上小学时，每天放学回家，我都会带回来一把干树枝或几片菜叶子；尽管妈妈一再告诉我，家里不需要这些，然后当着我的面把这些东西扔到垃圾桶里，但第二天我会继续带回家一堆东西。我捡了半年，我妈妈扔了半年。

那个时候，我走路时眼睛习惯性地盯着地面，一根干枯的树枝、一片皱缩的菜叶，在我眼里如同珍宝。虽然在我生长的大家庭和后来的小家庭里，我始终不缺钱，甚至可以说比较富裕，但即便是扔一双破袜子我都要思量再三。

童年时代的影响如此之大，以至于想放弃自己的观念和行为模式是如此之难，因为，这一切已点点滴滴融入血脉。

"三岁看大，七岁看老。"童年时期的影响，尤其是 6 岁以前的影响，可谓一年顶十年。人所有的习性，基本都可以追溯到童年时期的家庭影响。孩子的一切毛病、缺点、坏习惯，都可以在其父母身上找到答案。

家长们往往对孩子五花八门的问题束手无策，并抱怨和指责。

孩子总难使自己满意：不听话，经常胡闹，没有一刻能安静下来；不爱学习，不愿看书，虽然说得口干舌燥，但仍无济于事；做作业老是磨磨蹭蹭，总有层出不穷的借口，又是看电视，又是洗手、喝水、清理书包，就是不肯马上动笔；没有一件事能专心做好，丢三落四；每一刻都需要你在身边，自己累得半死，但没见孩子有多大长进……

我们在抱怨孩子的同时，想过自己的习惯、性格、行为吗？你有读书的习惯吗？你的钱包、雨伞丢过几次？你可以安静地思考、看书吗？你写报告、总结时可以马上动笔吗？你能从头至尾干一件事而不分心吗？孩子学习时，你是否在看电视、聊天、打麻将？遇事时你是否总在别人身上找原因，责任总是他人的，事不成功与己无关，是运气不佳？……

对于一个家庭来讲，孩子问题的根源在家长，解决孩子的问题，首先要解决自己的问题。如果我们对孩子还有许多焦虑、担心、要求或期待，那说明我们的内心还深藏着许多恐惧、自卑、不安全感等因素，我们自己的人生还有许多未解决的问题。

苏格拉底说："未经省察的人生没有价值。"我深以为然。教育孩子就是自省，一种生命的自省，一种让人成其为人的自省。

借着养育孩子的过程，在自己身上下功夫吧，与孩子一起成长并不是一句口号。

女儿　八〇后的自勉与共勉

我的自白

在各位决定往下看之前，我想先同各位分享我的自白，用我美国老板的话说就叫："set the expectation right."（做出合理的期望。）

我不算"白富美"，也没有"高富帅"的男朋友；我既非"官二""富二"，也不是从小一边念书一边含辛茹苦照顾弟弟的村里高考状元。我就是个平凡的八〇后，和中国所有八〇后的孩子一样，经历过独生子女的优越与孤独，承受着不能输在起跑线上的压力，成长在与老师、父母的博弈中，痛并快乐地经历着"早恋"的诱惑，在高考血与火的历练中蜕变，享受着大学生活突如其来的自由，然后在找工作、考研与出国的选择前迷茫。现在顶着"剩女"的光环徒然解释 30 岁还单身是我的选择而非我身体、心理有疾病……

所以在动笔写这本书之前，我纠结了很久。套用星爷的一句经典台词就是：鄙人何德何能，承蒙您如此厚爱？我既没有上《时代》杂志的封面，也不是《福布斯》每年评选出的"30 under 30"（30 岁以下最有作为的新星），我只不过有幸趁着年轻走过了许多地方，遇到了很多善良而独特的朋友，感受了不同的文化，经历了不同的事业选择，我又有什么资格现在就写书、假装自己是个海外成功人士呢？

但是有两件事改变了我的想法，让我终于下定决心动笔：

第一件事是我在洛杉矶参加"百人会"（Committee of 100，美国著名华人精英组织，由美国社会中有高度影响力与知名度的华裔组成）的会议时，一位现任五百强企业 CEO 的华人女士说了这样一段话："You have to share, you have to give back. If you just take and not give, you will be like a pond of dead water, you will eventually, stink!"（你必须与人分享，你必须回报。如果你只拿不给，你就会如一潭死水，迟早会发臭。）

这句话对我的触动很大。回想我生命中的每一个关键阶段，都有人帮助我；而我大部分的时间都在"take"（获取）。如果没有他人的"give"（付出），我是很难走到今天这一步的。所以我希望通过这本书来 give（付出）与 share（分享），通过这本书，和大家一起讨论如何过得平凡、幸福与精彩。对这个问题，我没有标准答案，正如成长没有标准答案一样。哪怕这本书里只有一句话触动了您，对您有所启发，让您在合上书后有所思考，那我的"give"与"share"就达到了目的。

第二件事是我的博客上大家给我的留言。2006 年在我去欧洲留学前，有好几家媒体采访了我并积极让我"开博"。开博后点击量达数十万，出国后由于忙碌与懒惰一直疏于更新，但是偶然登录仍然有很多人关注我、想了解我的近况，这让我受宠若惊。正如本书的编辑所说："亦雯，你在中国同样的应试教育和独生子女的土壤里开成了一朵不太一样的花，我们都想知道这朵花是怎么长成的。"

所以，我想我可能就是一个平凡和幸运的八〇后：在一个充满爱的家中长大，所以没有什么心理阴影，在与父母、老师的博弈中养成了乐于吃苦、不达目的不罢休的性格，也在关键的时候做出了一些正确的选择。之所以把这段话放在开篇就是为了告诉大家：我和我的家庭真的很平凡，所以如果大家后悔买了这本书，现在还有机会拿去退。但也许正是因为世上 99% 的我们都是如此平凡，您才会在我和我的家庭身上看到您的影子，我们才可以一起成长、共勉，一起开出普普通通却又独一无二的花朵儿。

"After all, if you expect nothing, you will have the most beautiful surprise."（毕竟，如果你无所期望，你往往会收获最大的惊喜。）

八〇后的轮回

我是个八〇后，有着许多集体性回忆：小学时听"四大天王"，初中时读《花季雨季》，高中时迷周杰伦，大学时看《老友记》（friends）。还有，我们都是一边看着《成长的烦恼》，一边成长一边烦恼。

《成长的烦恼》这部风靡全球的情景喜剧讲述的是住在纽约的西佛一家的三个孩子的喜怒哀乐：他们的烦恼大多是为了第一次约会而彷徨，为了第一次开车而紧张。和他们相比，我们这些中国孩子的烦恼显得过于单调：怎么升重点初中，怎么进重点高中，怎么上名牌大学，怎么让爸妈的眉头不再紧皱……

聪明的八〇后以为长大之后生活会容易点儿，至少自力更生不用再看爸妈的脸色。长大后才发现生活其实越来越难，烦恼其实越来越多：怎么找到一份稳定的工作，怎么在北京的第 N 环外买个迷你户型，怎么找到一个有车有房的男朋友，怎么找到一个不要求男朋友有房有车的女朋友。

当然，自己做了父母以后，一切有关自己的烦恼都退居二线，最大的头痛来源成了孩子：怎么保证孩子吃到无毒的奶粉，怎么送孩子进双语幼儿园，怎么让孩子"不输在起跑线上"……这个曾几何时还在被我们嘲笑的表达，却如此自然地被自己用上。等到孩子慢慢长大，我们也一定会为他们的前途发愁：怎样让孩子升重点初中、进重点高中、上名牌大学……父母当年紧皱的眉头，就这样成了我们自己的表情。

原来一个年代的轮回，只需要 20 年；原来每一代的烦恼，都没有太大的不同。我们的国家每一天都经历着翻天覆地的变化，我们每一代人的生活却都面临着相似的问题：我亲爱的爸爸妈妈，你们什么时候才能不再为我担心，什么时候才能开心地笑一笑；我的宝贝孩子，你什么时候才能从亿万人的竞争中脱颖而出，什么时候你才可以出人头地？

我和妈妈的战役

我不是在真空环境中长大的。我所经历的成长的烦恼，和所有中国孩子面临的烦恼并无两样。我家不是个完美的家庭，我妈妈也不是个完美的妈妈——我和她"斗智斗勇"了二十几年，我们彼此都在这个过程中慢慢成长。

小时候，妈妈是我的偶像，为我撑起一片天空；青春期时我和所有的孩子一样叛逆，她说西，我朝东；上大学时义无反顾地离开家也是为了离开她，离开她无时不在的保护伞；即使在电话的两头，妈妈和我也会为减肥、交男朋友、染发等问题吵得不可开交。直到出国后，我吸收了不同文化的影响，真正成为独立的个体，妈妈也和我一起不断接受新的思想、不断成长，我们的关系才进入了互相信任、互相尊重的阶段。现在，虽然我们相隔万里，但是心里的距离却从来不曾如此亲近，每次和妈妈打电话，我们都有聊不尽的话题。

"心有多大，舞台就有多大"

我是个不幸的孩子，因为我出生在八〇后的中国。和西佛一家孩子比较起来，所有的中国孩子都是相对不幸的。当周末来临，欧美孩子为舞会穿什么颜色的裙子而发愁时，中国的孩子却别无选择地背着十几斤重的书包上各种培优班。

但同时，我又是个幸运的孩子，因为我的家庭给了我选择的自由、疑问的权利，给了我做梦的勇气、追梦的胆量。长这么大，我的父母几乎从来没有指责过我。每当我迷茫或自我怀疑时，他们总会在我身边鼓励我勇敢地走下去。其实，孩子需要的并不多：一点属于自己的空间，几句发自内心的赞扬，父母一个会心的笑容，一个肯定的眼神，这些足以撑起孩子头上温暖的保护伞。

12岁那年，妈妈对我说："雯雯，心有多大，舞台就有多大。"一路走来，这句话不断地激励着我，成了我不断寻梦的动力。18年后，妈妈和我希望用这本书和这句话与天下父母、子女共勉，希望每一个孩子都能在他们自己选择的舞台上尽情跳出最美丽的舞蹈。

第一章　家与爱

妈妈　我们的家，我们的女儿

> 看到女儿忙碌在世界各地，看到女儿渐行渐远，我
> 突然明白：能让孩子做一个好人，一个有丰富色彩的人，
> 一个最好的自己——这些，也许就是家能够给予她的全部，
> 也是做父母需要承担的职责。

我们的家很普通，先生在大学任教，我在企业工作，我们都是五〇后。与长辈相比，我们除了为中华民族的伟业添砖加瓦，还承担着养育第一代独生子女的重任。据统计，如今中国有 2.2 亿个独生子女家庭，这是人类历史上从未有过的现象，如何让独生子女成龙成凤，也是前无古人的伟业。

没有前车之鉴，没有屡试不爽的经验，如同初级阶段的国策一样，摸着石头过河成了我们育儿养女的法宝。

很多家长都说我养孩子很轻松，我和先生也感觉抚养孩子好像很轻松，几乎没有费什么力，女儿便长大了。从颇为吃力的小学一年级，到女儿的成绩变好，慢慢变优秀，后来变成几乎所有的功课都拿 A，再到后来从北京外国语大学毕业，考上了牛津大学等 12

所世界名校的研究生，再到亚洲、欧洲，再到了美洲，一步步朝着"融汇中西的国际型人才"的方向走去。

女儿身上好像发生了许多奇迹，但对我们来说，这一切是那么的自然，那么的顺理成章。

每个生命都有自己的道，如果我们不去人为设置重重障碍；每个幼儿都是独特的个体，如果我们不揠苗助长且顺其自然；每粒种子都会发芽。叶圣陶说："教育是农业，不是工业。"的确发人深省。

其实，每粒种子需要的真的不多：一缕阳光、一泓清水、一丝空气足矣。

也许我们不是那么执着。

女儿18个月时，我们看到同样大的孩子已识字几百，也在墙上挂起了黑板，读："这是'口'字。""不是'口'，是'毛巾'！"女儿执拗地喊叫着；女儿2岁时，我们端起小板凳让她跟着电视学英语，她偏偏倒拿着书本，一边笑一边模仿着妈妈读日语；3岁时，我们把亲朋好友公认的"有天赋"的女儿送进舞蹈班，几个月的劈腿、叉一字让女儿半夜从噩梦中惊醒过来，从此我们再也看不见女儿如欢快的小鹿在音乐声中自由自在翩翩起舞的身影。

在自然规律面前，我们节节败退。我们隐隐感到，幼儿不愿学的东西一定是不到时候，一旦被强制学习，孩子的心里就开始惧怕甚至憎恶所有要求她学习的东西。

道理很简单——这违背了孩子的天性，不到2岁的孩子还是让她快活地玩吧。

从那以后，我没有再逼雯雯学认字，学英语，不再送女儿上什么兴趣班、学前班，而是用雯雯喜欢的讲故事、读儿歌等形式让她自由地吸收营养。

事实上，雯雯上小学一年级还不到 2 个月，就学会了曾经让我羡慕的别的孩子早就认识的那些生字，而且很快就可以比较流利地写些小儿歌、小诗、日记了。日后，语文课成为雯雯最喜欢、最不费力的一门课，写作文成为雯雯的一种享受。我们从没有为雯雯写作文发愁过，她总有写不完的话，她的作文经常被老师当作讲课的范文，曾获得过"楚才杯"等多项作文比赛奖项。学校要求雯雯参加过作文培优班，目的是为了参加比赛拿奖项为学校争光。这也是雯雯参加过的唯一的培优班。

雯雯学龄前没学英语，小学也没有英语课，长大后英语、德语却成了她的最强项。她的外语表达流畅，就像母语一样，无论在哪个国家，与她交流的外国人都以为她是在美国或德国出生长大的。

法国教育家卢梭在《爱弥儿》中说："在万物的次序中，人类有它的地位；在人生的次序中，童年有它的地位。如果我们打乱了这个次序，我们就会造成一些早熟的果子，他们长得既不丰满也不甜美，而且很快会腐烂。"

特别庆幸的是，我们没有打乱雯雯的人生次序，挤占她人生中可贵的童年。尤其是没有盲目从众，心急火燎地做什么，从而让孩子在日后的学习中保持了单纯、旺盛的求知欲，这也是雯雯日后成绩优异的重要原因。

也许我们考虑问题比较简单。

女儿出生前一个月，我的先生考上了复旦大学研究生。靠着我母亲的辛劳帮助，我度过了初为人母的极为劳累、极为辛苦的那段日子。

两年后，先生毕业了。对于恢复高考后的早期研究生，无论是留校还是去南方或北方任教，都有无数个选择和机会，但我们基本没怎么犹豫，选择了回到武汉某大学任教。当时我们的想法很简单，一是不能再让老人受累了，二是我们这个小家也承受不了分离之苦。

先生毕业回家的那天晚上，雯雯坐在痰盂上，妈妈蹲在旁边，爸爸也过来笑眯眯地看着雯雯。雯雯突然拉着妈妈的手说"我的妈妈"，又拉过爸爸的手说"我的爸爸"，然后认真地说："我要我的妈妈，也要我的爸爸。"说完，两只手一左一右紧紧地搂着爸爸妈妈的脖子，生怕爸爸妈妈飞了。

我不禁眼眶湿润了。一个完整的小家比起天各一方单打独斗拼搏事业也许更值得。

雯雯的爸爸一回来，立刻承担起了一个父亲的责任。

从雯雯2岁起，父女俩用一辆自行车，从东湖的西边骑到东边，开始了小雯雯从幼儿园、小学到中学的人生起跑。

就是在这条风雨无阻的路上，在大自然的怀抱里，雯雯学会了观察，学会了想象，学会了让心灵放飞。

雯雯不仅从爸爸那里学到了许多天文地理历史知识，还从她爸爸身上耳濡目染地继承了许多优秀的品质：吃苦、谦和、豁达、宽厚、低调、等等。

现在回过头看，我们确实失去了一些个人的发展机会，但却给了雯雯一个健康成长的家庭环境，给了雯雯一个形成完整人格和优秀品质的空间，给了我们自己一个甜蜜、温馨的家。我们没有错过女儿成长的每一个欢快的瞬间，同时，也给了老人应有的清静、安闲的晚年。

美国思想家弗洛姆在《爱的艺术》中说："孩子在婴儿时期无论是身体还是心理上都需要得到母亲的无条件的爱与呵护。他也需要父爱，需要父亲给予威严和引导。相较之下，母亲的爱可以给孩子一种生活上的安全感，而父亲的爱则是指给孩子通向世界之路。"

生命的圆满也许就是从家的完整开始的。

也许我们的家比较民主。

每天吃晚饭是我们全家团聚聊天的优质时光，幼小的雯雯常常参与大人的谈天说地，我们不会把她当个小小人不去理睬，也不会把自己当成无所不知的权威。记得有一次我们谈到"文化大革命"的事，雯雯插嘴道："为什么好人要坐牢？"

"因为那个时候很混乱，是坏人当道。"妈妈回答。

"当道是什么？"雯雯问。

"就是坏人掌权。"爸爸说。

"掌权是什么？"雯雯又问。

有时雯雯会一直问下去，问得爸爸妈妈抓耳挠腮，赶紧翻字典，查《辞海》，再"翻译"成雯雯能听懂的话。

蒙台梭利说："如果孩子仅能听到母亲对他说的话，那他听到的内容就太少了。他们应该听到成人的全部对话，这些语言和行为对儿童的发展作用，比母亲对他们所说的只言片语更为重要。"

这样的气氛让孩子非常放松，这样的对话和幼儿时期养成的观察习惯还为日后雯雯的写作打下了很好的基础。

也许我们更重视成绩之外的非智力因素。

从雯雯 2 岁开始，我们就尝试着把选择权交给孩子，让她学会承担后果。比如周日出去玩，我会给雯雯出几个选择：到公园可以划船赏花，到动物园可以看老虎大象，选定了就不能变，不能到公园觉得不好玩了就要换到动物园。这样的约定雯雯很喜欢，她感受到了妈妈对她的尊重，每次选定了都会用小手和妈妈拉拉钩，表示不反悔。

记得雯雯 3 岁那年的国庆节，我带她到中山公园玩。谁知那天公园里人山人海，每个游乐项目前面都排着看不到尾的长队。父母们面露倦容、无可奈何地为孩子们每次几分钟的玩耍排上一两个小时的队。一上午，雯雯只玩了一次小火车、一次电马，妈妈累得浑身无力，雯雯也浑身汗透，最后终于走不动了，趴在妈妈肩上睡着了。可以说，我们一点乐趣也未尝到，度过了一个非常失望的国庆节。虽然如此，雯雯没有一点哭闹，安静地承担她选择的后果。

雯雯成长的过程中，遇到了无数困难和困惑，尤其是出国后，独自闯荡世界更是困难重重，从生活、学习到工作几乎每天都会有不同的难题和挑战，但我从没有听到雯雯说推卸责任的话："教授给的时间太少""任务太重了，老板太不近人情""不是我的问题""我做不到"……这些词汇都不在雯雯的字典里。生命的意义在于选择，选择了就要自己承担责任，这是从小就在雯雯生命中刻下的印记。

也许我们真的很在意、很爱惜这个独特的小生命。

我们从没有说过"你真笨""你看谁谁家的孩子比你强""小孩子懂什么""都是为你好"之类的话，从没有当众嘲笑过孩子。我们从没有翻看过雯雯的日记，我们尊重孩子的隐私，维护孩子的自尊。我们和孩子一起玩耍，采蘑菇、挖荠菜、捡螺蛳壳、做根雕，和孩子一起为发现一棵松菇而雀跃，为做好一只小鹿根雕而陶醉。我们时时鼓励、赞美孩子，不是刻意做出，而是自然而然地流露。

日本著名作家、医学博士江本胜在《水知道答案》的著书过程中，用高速相机拍摄到水的结晶——水的"心"：当你对它微笑时，它心花怒放，会结出美丽完整的六角形；当你责备它、训斥它"浑蛋"时，它的"心"会哭泣，水几乎不能形成结晶。

雯雯就是在我们的肯定、认可、赞美中成人、长大的。

我们的家也经常犯错，有些错之大甚至无法弥补。

比如，我们回家还带着工作上的情绪，孩子点滴的过失成为我们发泄怒火的靶子；比如我们也有精神上的漠视，孩子的作业完成、考试成绩、午餐吃了什么是我们关注的目标，而孩子心灵的管道是否畅通却常常被忽视；比如我们用"爱"钳制孩子的自由，坐火车不许穿裙子、不许染发、不许早恋；比如我们用责任"替"孩子生活，孩子病了我去请假、同桌打扰我去找老师；我们活在别人的评价中，活在虚无的"面子"里。

当父母职责、家庭权利的界限缠绕不清时，亲密关系就变成了拖累，过度关怀就变成了羁绊，过度关爱就变成了生命的负担。

18岁那年，雯雯填报高考志愿，所有的志愿都是外地的大学，她渴望离开家，开始自己的生活，成为真正独立的人。我们赞同也全力支持，这个决定，是我们最理智的一次选择。

正是这个选择，让我们松开了手中的风筝线，这只风筝越飞越高。

雯雯走向独立，虽然刚开始还很不适应，步履跟跟跄跄，但经过"破茧化蝶"的痛苦挣扎，终于站稳了。

多年后我和雯雯探讨"如何当个好父母"这个话题时，雯雯提出了一个很有创意的观点："18岁离开父母应该写进法律。"从我们的经历看，对于爱孩子而又纠缠在爱的泛滥之中的独生子女家庭，这的确是一个被动但卓有成效的路子。虽然我们的法律还不明确，但上帝的律法早已显明：人要离开父母（创世记2:24）。

18岁的孩子，已成为一个完全独立于我们的"别人"，不然，黎巴嫩诗人纪伯伦怎能这样劝勉天下的父母：

> 你的儿女，其实不是你的儿女，
> 他们是生命对于自身渴望而诞生的孩子。
> 他们借助你来到这世界，却非因你而来，
> 他们在你身旁，却并不属于你。
> 你可以给予他们的是你的爱，却不是你的想法，
> 因为他们有自己的思想。

你可以庇护的是他们的身体，却不是他们的灵魂，

因为他们的灵魂属于明天，属于你做梦也无法到达的明天。

……你是弓，儿女是从你那里射出的箭。

看到女儿忙碌在世界各地，看到女儿渐行渐远，我突然明白：能让孩子做一个好人，一个有丰富色彩的人，一个最好的自己——这些，也许就是家能够给予她的全部，也是做父母需要承担的职责。

周而复始，年轮更迭。新的一天开始了，新的一年开始了，我们的孩子们越走越远，去追随自己的梦、自己的心，和世界融为一体，慢慢离开了父母的庇护，离开了父母的视野，但无论在哪，家永远是孩子长途跋涉后可以缓解疲惫身心的地方；无论父母日渐迟缓的脚步还能否跟得上孩子的脚步，他们心里装满的永远是对孩子的爱。

女儿 我的家，我的老爸老妈

> 对我们每个人而言，家的含义都是随着我们成长的阶段，随着我们对于世界的经历而不断变化的。正如生命的长河一般，家也是一个流动的概念：哪里有血浓于水的亲人、相投的朋友、美丽的记忆，以及自己曾经留下的痕迹，哪里就是家。

在过去的十年中，我一步一步走得离家越来越远，身体力行着"四海为家"的概念：从武汉到北京到维也纳，从伦敦到洛杉矶，再从香港到新加坡，又从东京到日内瓦再回到洛杉矶。有时午夜梦醒，恍惚中竟不知自己在哪个城市。这一路走来，如今到底何处才是我家？家，这个最基本也最重要的概念，我们到底该如何去界定它？

家是避风港

写下这些文字的时候，我在洛杉矶帕萨迪纳自己的公寓里准备第二天工作要用的 PPT，爸妈则在厨房里忙前忙后地准备晚餐。7点整，妈妈一边摆置餐具一边不停地召唤："雯雯，饭好了要趁热吃，快来吧。"那一瞬间，这熟悉的场景让我仿佛走入时光隧道，回到了十年前武汉的家中。

在上高中以前，家的概念清晰而简单：一个地理概念，一个栖息之地。家就是长江边那个城市那个城区那栋职工大楼那间单元房。上学再晚再累，回到那间房，看到父母在厨房里忙碌的身影，便知道自己回家了。我的爸妈都是平凡老百姓，但他们有着互补的个性，对我的爱也因此有着不同的表现形式，可以说是相辅相成。

爸爸是个极为低调的人，用我们八〇后的话说，叫作"闷骚"。他"文革"时作为下乡知青当了三年农民和七年农村供销社营业员。1978 年恢复高考后硬是凭着自学考上了武汉大学中文系，后来又考上了复旦大学新闻系研究生，这其实是非常难得也是非常值得骄傲的事，可是我爸爸从来不提，连这个经历都是妈妈告诉我的。他毕业后留在武汉大学当老师，一干就是三十年，从没请过一次假，他的学生满天下。他是中国那个年代典型的知识分子，忧国忧民，甘于清贫，一心希望祖国强大，却很少为自己考虑。他谦恭和善，低调朴实，在名利面前从来不争。

可想而知，爸爸对我的爱很含蓄。从上幼儿园到高中，我上学的地方总是离家比较远，十几年来不管刮风下雪打雷闪电，都是爸爸骑着自行车去接我送我，也是他起早贪黑为我做早餐和宵夜。他很少干涉我，也不会讲大道理。我和爸爸的沟通远远少于和妈妈的沟通（所以也少了很多争执），但爸爸对我的影响是耳濡目染的，我从他身上学到的是吃苦耐劳、勤恳奋斗、不走捷径。总而言之一句话："做人要厚道。"这些传统美德在当今社会也许大多都失传或被认为是傻蛋和受欺负的标志，但是当我出国后走进国际社会和职业生涯，才认识到这些基础美德之重要。不管是哪个国家哪个公司招人，尤其是国际化的大公司，第一条考察的就是"ethic"（品德）：如果你不是个诚实值得信赖的人，如果你没有勤恳做事的耐心，如果你不能为团队的利益而暂时忘掉个人的利益，即使你毕业于最好的大学，也无法通过这第一道也是最重要的审核。尤其是我此前所在的金融投资行业，诚信是客户与我们合作的核心原因，市场回报率会上下浮动，但是如果客户相信你在为他考虑，即使有时年收益下降，他们仍会继续相信你，因为"他们看中的是你和你的信誉"。

妈妈和爸爸的性格截然相反。她是国有企业的干部，是能说会写风风火火魄力十足的女强人。妈妈最大的特点就是有一股不达目的不罢休的韧性，所以她对我也有着同样的期望。在妈妈眼里，我是全世界最优秀的女孩。她经常鼓励我说："只要你想，就没有什么做不成的事。"我日后的自信、敢想敢做、对于既定目标的坚持，就是在妈妈的信任里一点点形成的。

我得承认，妈妈对我的爱是有溺爱成分的。她什么事都会为我包办，生怕我受到一点点伤害。有人欺负我，她就会站出来说："哎，你怎么敢欺负我家雯雯？"对于我做出的选择，她也总会有她的判断和评价。妈妈就像一只大母鸡，把我保护在她的翅膀底下，在我年龄尚小需要照料的阶段，我其实挺享受这种关系的——有这么"强悍"的妈妈，我什么都不用担心。

那时，家是我的避风港，爸爸妈妈是我的救生员，外面的世界风浪再大，回到这个小小的港口，一切都风平浪静。

"逃离牢笼"

在加州，我的美国同事 90% 都比我大 10—20 岁，90% 都有孩子，所以我们的对话也总和孩子有关，基本场景如下：

周五下午 6 点，我正准备去健身房，路过同事办公室前，他还在电脑前看数据。

亦雯："老大，拜托，现在是周五下午嘞！"（意思：您老怎么还不回家？）

同事甲："啊，我还是在公司多待会儿吧！"

亦雯："您有项目要加班啊？"

同事甲："没有，但是回家比上班更累（亦雯不解。）要是你有一个 6 岁的男孩，一个 10 岁的女孩在家过周末，你就明白了，亦雯！"

同事乙恰巧经过，听到我们的对话，含笑对同事甲说：

"要是你的孩子过了 14 岁，你就知道现在这段时间有多宝贵：因为你的孩子在未来的 15 年内都不会再打扰你了，即使你想他们打扰，他们也懒得理你了。"

原来不论国籍，不论文化，不分男女，每个家庭都会经历孩子的"叛逆期"（adolescent）。我们家也不例外。

我从小就是中国教育体制下典型的好孩子：父母为我骄傲，老师周周表扬，同学喜欢羡慕，大队长班长年年当。但是上了高中，随着逐渐形成独立的性格和世界观，我对自己"乖乖女"形象的反抗情绪越来越重。在家里，爸妈说东，我就往西；在学校，身为学习委员，却组织全班同学向校长反映素质教育的重要性。在这个时期，家是一个禁锢我的"牢笼"，和爸爸妈妈走得太近反而是"not cool"（不酷）的表现。强势的妈妈对我突如其来的转变自然不接受，于是开始干涉我和学校死党的交往，而她越是要管我，我的反抗就越强烈；我愈演愈烈的叛逆以及与"虎妈"的冲突在我高三时期的初恋达到顶峰。

17 岁那年，我认识了一个让我怦然心动的男孩，也就是我的初恋。而妈妈非常不喜欢这个男孩，觉得他既配不上"我们家雯雯"，我们又是"大逆不道"的早恋，更担心这会影响我的学业。在妈妈眼中，选男朋友和选大学一样，除了北大清华之外哪家也配不上"我们家雯雯"。所以她坚决不允许我和他交往，而我又非常爱这个男孩。我们母女之间的冲突导致妈妈竟把我"软禁"在家里。过情人节时我被反锁在家里无法同他见面，男孩就给我发短信："玫瑰花放在你家门外了。"我说："那怎么办，我妈妈会看见的！"他回复说："不要紧，看不见的，我把花放在你家门口的消火栓的柜子里了。"

那个时候，由于妈妈的极力反对，我对初恋的爱直接变成对妈妈的恨。而与妈妈的冲突不仅限于我的早恋问题，也包括我和朋友出去玩得稍微晚一点妈妈就会一个一个电话催我回家，包括她觉得我结交的朋友"质量"不够高，包括她在我没有生病的时候也总爱带我去看病等等。其实我们冲突的本质在于，妈妈没有尊重我作为一个独立个体的成长，她在我逐步成人的过程中仍然把我当作她自己的一部分。所以，她在我进入青春期后仍然用管小孩子的方式来管教我，当我对她的管制加以反抗的时候，她没有尝试放手而是加强控制。而当我从一个乖乖女到"文艺青年"的迅速转变让妈妈措手不及时，我既没有开诚布公地与她谈过心，也没有从妈妈的角度想过她对我的种种束缚其实是出于母亲对孩子最原始的爱——她害怕我受伤，担心我的前途受到阻碍。我和妈妈最大的错误在于我们都没有从对方的角度出发为对方考虑，没有平等、平静地交流。妈妈希望我做回听她话的乖宝宝，我希望做真实的亦雯，坚决不做乖宝宝。我们的期望没有交集。

那时的家是"牢笼"，我一心想要逃离，去哪里都好。

高考完后，我所有志愿都填报的是外地的学校。爸爸是武汉大学的教授，武汉大学（全国最好的大学之一）对于教职员工的孩子是有优惠政策的，家里人都说我应该至少把武汉大学作为"保底"的学校。可是我宁愿上外地的二流大学，也不愿意继续留在家里。那时的我，一心只想摆脱家与妈妈的束缚，开辟属于自己的天空。

收到北外录取通知书的那一刹，我如释重负。

家在电话那头

离开家的第一年，我过得很艰难。

虽然迫不及待想离开家，虽然高中也去过英国做交流学生，但是长时间离家还是第一次。始终不能忘记2002年9月在北外门口，一路送我上北京帮我打理好一切的爸爸妈妈终于到了要和我分别的时候。他们依依不舍地看着我，妈妈突然哭着说："没有你在身边，我的心都空了。"我也只能忍住泪水头也不回地走进校门。

第一次和五个女孩子住在一间寝室里，第一次没有了妈妈的照顾，第一次为自己的生活负起全部责任，我非常不适应。几乎每天和家里通电话，每月写信回家。即使放假回到家还是继续和妈妈斗争，整个大一，我都很想家，怀念"牢笼"的温暖。但是到了大二，我逐渐建立了自己的朋友圈子，生活有了规律，熟悉了北京这座城市和我的学校，打电话回家的次数也逐月递减。

从北京外国语大学毕业后，我又去了维也纳、伦敦读研。放弃牛津大学的录取书和奖学金，其实没有我妈妈说得那么复杂，我只是选择了一个我感兴趣的专业并给我奖学金最多的学校。因为，我不想再让父母为我掏钱，我认为，人过了18岁，就不应该让父母再养自己。我周围的欧美同学到了18岁，不管家里多富有，也不会用家里的钱，而是自己打工兼职，如果再向家里要钱是很丢脸的事。我接受了这样的观点，于是选择了由欧盟提供的全额奖学金，还可以去两所大学——维也纳大学、伦敦政治经济学院学习。我过了22岁就再也没有让父母为我花过一分钱。

我觉得，当我真正和妈妈身体上完全分开后，也就是我出国后，她想管也管不了的时候，我们的关系才到达了第三阶段，也就是平等、平和的阶段。

有一点很有意思。在过去的十年里，我去了三十多个国家，因为我的工作是每隔四个月就要去不同的国家做不同的项目。我每去一个新的国家，妈妈就会尽量想办法也去。很好玩的是，我们母女俩的关系出现了错位。我在洛杉矶居住，而洛杉矶是没有车就寸步难行的城市。妈妈外语不好，又没有车，一切事都得靠我，什么买东西、买药、买机票啊，她都得问我这怎么办，那怎么办。我突然感到：哎，我好像妈妈，妈妈好像女儿啊。我接到她的电话常常没好气地说："你自己想办法好了。"然后就把电话挂断了。其实想想，我这样做也很粗暴啊。

后来，我把一串钥匙丢给她："Good luck!"（祝你好运）然后我就上班去了。妈妈也很厉害，她慢慢摸索着到哪里去买东西，到哪里去买药；再后来妈妈居然独自把美国横穿了一遍。这个经历让我感悟，家长对孩子也可以这样，你放手让孩子自己去实践好了，孩子饿不死的，他饿了就会去吃东西；想出去玩就让他去，如果他感到自己实在不行，就会好好学习。其实养育孩子真的没有那么难，只要你肯放手，让孩子自己去闯一片天地，不管她上什么学校、做什么工作、赚多少钱、嫁给什么样的人，这些都是身外之物，只要孩子有很健全的人格，很快乐、很独立的人生，并且是他自己的选择，这就够了。

当然，孩子是要孝顺父母的。我现在常常想的一个问题，也是我们这代人要面临的问题：孩子不在父母身边，或在外地或在国外，父母老了怎么办。我十年不在父母身边，对他们充满了愧疚。现在他们养了一条狗，完全取代了我的地位，他们把这只叫"科比"的狗狗当儿子养。作为一个女儿，我不知道自己是成功还是失败。

所以，我没有妈妈说得那么优秀，妈妈也没有像她自己说得那么独裁。

处处都是我的家

离开家的十年中，我走过三十多个国家，住过十几个城市。大多时间，我在路上，在酒店，在商务公寓。不同地点，同样的套间，同样的咖啡机，同样的 mini bar（迷你吧），同样的 wake up call（叫醒服务），只是让我越来越觉得自己是个过客，是个行人。我不由自主地问自己：到底何处才是我的家？

在经历了近十年的奔波后，由于工作需要以及我对加州的喜爱，2012 年底我从东京搬回洛杉矶，决定在这个终年阳光的城市住下来。我现在所在的帕萨迪纳位于洛杉矶东面，环山，曾经是整个美洲最富裕的城市。帕萨迪纳现在没有了往日的辉煌，却格外宁静与安逸。我的公寓没有商务套间那般奢华，没有雀巢的咖啡机，没有 mini bar，没有 wake up call；也没有武汉家中父亲做饭时的菜香，没有母亲的唠叨，没有北京、上海、东京、香港的繁华与喧嚣。只有简单的白色家具、音响、图书、CD、油画。晚上回家打开音响，和大洋那头的家人讲讲一天的生活，和这里的朋友小酌几杯红酒，简单、平静，却特别有家的感觉。

我终于明白，我们每个人在成长的过程中，多多少少都会经历这样不同的感情与阶段：离开曾是避风港的熟悉的家，离开与自己"斗智斗勇"的父母，独自闯荡，探索世界（再）认识自己，最后找到属于自己的家。喜爱的城市，值得奋斗的事业，志同道合的朋友与爱人，最终建立新的家庭，上演一个新的轮回。所以，家并不是一个特定的地理位置，不是一座城市、一个街道，而是生命的一个阶段，一种心态，与周遭的人的一种关系。

　　在这个安静的阳光城市里，我常常怀念过去十年住过的所有国家与城市，常常计划着什么时候回哪个城市拜访哪个朋友。每当回到那些城市看到老友时，就仿佛回到了当年的"家"。所以，正如生命的长河一般，家也是一个流动的概念：哪里有血浓于水的亲人、相投的朋友、美丽的记忆，以及自己曾经留下的痕迹，哪里就是家。

妈妈的反思

"应该这样造句"

什么样的父母才是好父母呢？

一位有三十多年教学经验的老师在观察了无数家长和学生的互动之后认为，好父母可以归结为一句话——能听懂孩子的心里话。

这句简单的话要真正做到却很难，尤其是在孩子的幼年时期。

在一本绿塑料皮、有张瑜头像做封面的我的日记里记录了这样一段泛黄的文字：

（雯雯6岁一年级）

下午雯雯放学回家告诉我们一件有趣的事：上课时，老师要同学们用"又……又……"造句。一位小朋友被点起来后说："李亦雯又胖又矮。"全班同学都大笑起来，连老师都忍不住笑了。听到这里，爸爸妈妈也哈哈大笑起来，妈妈接着问："雯雯，别人笑了，你笑了没有？"雯雯说："没有，我没笑。"看到雯雯似乎有点委屈的脸，妈妈说："应该这样造句，李亦雯的脸又圆又红。"雯雯说："别人才不会这样造呢，这是爸爸妈妈造的句。"

二十多年后，再次读到这番话，我发现自己有许多失误，没有用最好的方式保护孩子的自尊，没有化解孩子的负面情绪。

首先，我没有听懂孩子，没有体会孩子的感受。

小小年纪的雯雯面对这件难堪的事，她感到了不舒服，尤其是全班同学的哄堂大笑，再加上老师的笑。这句话显然有点嘲笑的味道，虽然童言无忌，但毕竟伤了雯雯的自尊心。而我的造句暂时掩盖了雯雯的伤口，却没有解决问题。6岁的孩子还是一个没有长大、没有成熟、理不清头绪的儿童，她感到难过又不知如何处理，很想获得我们的安慰和理解，但我们也和老师一样觉得挺好玩，还笑了起来，这就更加重了对雯雯的伤害。

其次，没有及时帮助雯雯疏导情绪。人的情绪有积极的，也有消极的，而情绪是通过感受产生的。感受是一种力量，这种力量有正向的，也有负向的。

我们每个人能够容忍消极情绪的能力是有限度的，如同一个杯子，如果这个杯子已经装得满满的，那么只要再加一滴水，它都会溢出来。这也就是为什么很多有心理障碍的人总是觉得心中郁结着许许多多说不清、道不明的"烂事"，也是很多人总是心烦、心乱，难以有快乐感的原因。

这种情绪如果不化解，那么，孩子接受的讯息是：我不够好，我很丑，因为我又矮又胖，我被同学和老师看不起。

第三，没有用最好的方式保护孩子的自尊。

听了孩子受委屈的话后，我在没有及时疏导孩子情绪的情况下，就急于帮助孩子解决问题，结果把孩子的话堵在了心里，掩盖了雯雯自尊心受到伤害的问题。

由于没有及时处理"又……又……"带来的伤口，这个"伤痕"一直留在雯雯的心头，不断"发炎""化脓"。当雯雯上大学离开家，有了充分的自由后，做的第一件事就是：减肥。她创造了一个学期减轻体重 10 斤的"奇迹"。看到她寒假回家时瘦削的身材后，我瞠目结舌。我隐隐觉得，雯雯除了接受社会普遍的审美价值观外，一定是什么事的强烈刺激让雯雯如此坚定、如此干脆地吃素，多少年来一口肉也没吃过。到现在，雯雯只有 80 多斤，可还在坚持"减肥"，坚持每天早晚做"减肥"韵律操，哪怕是工作到半夜 2 点半，也从没间断过。

好父母的关键是能够体会孩子的感受，及时疏导孩子的情绪，让孩子情绪的杯子里空空亮亮的，那么，孩子就有空间、有度量、有能量接纳和化解挫折、委屈和失败。

人们常说："相由心生。"3 岁前的面容是父母给的，40 岁的面容是自己要的。一个人如果能常常倒空自己的情绪杯子，化解自己心中的愤懑、矛盾，就会春风满面、轻松愉快，否则，就会显出一个拧着疙瘩的眉头、一对苦恼的眼睛、一张紧抿的嘴、一副愁眉不展的"霉"样。

一位著名大学的高才生告诉我，他处理自己的负面情绪就是不管它，不去理会就是了。

这种方法短时间内是有效的，但时间久了，就会让问题积压过多，让人很沉重。如同在心灵深处放了一只不见阳光、密不透风的箱子，你得时时刻刻拖着这只箱子前行，它不但会耗费精力，还会拖慢你的脚步。

美国有一位非常有名的主持人，有一次做和小朋友对话的节目。

主持人问小朋友："你长大后想做什么？"小朋友很自豪地说："我要当飞机驾驶员。"主持人又问："有一天你驾驶的飞机在太平洋上空没油了怎么办？"

小孩儿很有把握地说："我让旅客系好安全带！而后我就系好降落伞跳下去！……"

此时所有人都哈哈大笑，说小朋友太自私了，只有主持人没笑，他盯住小孩问："你跳下去干什么呢？"

小孩子委屈地回答："我要下去找油啊！我无论如何要带油回来的！"小孩子的淳朴、天真十分感人，可是大人们却误会了，只想到小孩子自己先逃跑了，冤枉了这孩子。

家是心灵的港湾，是最温暖的地方，但很多孩子却选择逃离这里。为什么？因为家里有不理解、不接纳，有责骂，有苦痛，有"爱"的钳制。

孩子的学业压力、人际关系的处理、青春期情愫的萌动、对人生意义的迷惘，面对自己最亲最近的人，居然说不出来或不想说，因为，父母听不懂。

就像前面我提到的二十年前发生的这件事，雯雯本想向妈妈说说自己理不清的难过，可是却被"聪敏"的妈妈我挡了回去。

一位妈妈碰到与我很相像的事。

女儿小丽今年 6 岁。有一天她从幼儿园放学回家，一进门就冲着妈妈大声嚷道："妈妈，我再也不要去学校了！"

听到女儿这句话，再看看她那一副像是受了天大委屈的模样，身为母亲的她不由得怔住了。她想安慰女儿，也想批评她，可最终还是没有出声。因为前天她的喉咙出现了严重的问题：声带上长了个小疙瘩，医生叮嘱在治疗期间完全噤声。所以，此时她只能做个"哑巴"妈妈。

她对小丽招了招手，意思是让她过来，把事情的原委讲给她听。

小丽走到床边，把头伏在妈妈腿上，伤心地哭了，边哭边诉说："今天老师教我们学拼音认字，我拼错了一个字，同学们就哄堂大笑！"

她搂着女儿，轻轻地抚摸着女儿的头发。小丽渐渐止住了哭泣。几分钟后，小丽突然挣脱妈妈的手，一抹眼泪，说："妈妈，我去欢欢家玩了，拜拜！"然后燕子般欢快地飞了出去……

这位妈妈很是诧异，为什么一句话没说，女儿一会就变高兴了呢？

每个人对外在事物都会有感受，感受会产生能量；当一个人积压了不好的感受后，就会觉得沉重、难受、不舒服和痛苦；当一个人的感受被聆听、被接受后，负向能量就会被释放，就会觉得舒服、开心与轻松。

小丽的妈妈虽然一句话也没说，但她的动作、她的无声的理解给了孩子很大的安慰，小丽用哭释放了她的负面情绪。几分钟后，"我再也不要去学校了"的"誓言"早已忘到九霄云外。一场有惊无险的矛盾就在妈妈无法发声的"无心插柳"中化解了。

如果说这件事是小丽的妈妈偶然撞对了钟，那么下面这件事就可以看出这位妈妈已经学会了如何倾听孩子，如何化解孩子的情绪。

有一次，小丽放学回来，进门后就把书包往沙发上一扔，噘起小嘴巴气鼓鼓地坐在沙发上，一声不吭。

妈妈在她身边坐下，问："怎么啦，受委屈了？"（首先接纳孩子的不高兴。）

"哼！"小丽气愤地说，"今天上课，老师问谁见过雪是什么样，同学们都踊跃举手回答，我也举了手。"

"好啊！"妈妈立即表扬女儿，"敢于回答老师的提问，这很好啊！"（及时的鼓励使孩子觉得妈妈认可她，愿意听下去。）

"可老师却叫了别的同学回答，他们都没有答好，分明是没见过雪嘛！"小丽不服气地说，"我见过呀，老师偏偏没叫我。"（女儿清楚地、完整地表达了她生气的原因，在讲述的过程中妈妈一直没有打断女儿。）

小丽亲眼看到过下雪时的情景。由于身居南国，这里几乎没有遇到过雪天。但去年冬天小丽一家去庐山游玩时，恰逢下雪，当时美丽的雪景给极为兴奋的小丽留下了很深的印象。

妈妈明白了女儿生气的原因，于是说："那你现在把妈妈当作老师，向我描述一下雪是什么样子的，好吗？"（这个做法太智慧了，没有指责孩子："老师当然不会叫到每个同学了，你怎么这么不懂规矩呢"，也没有顺着孩子的负面情绪抱怨老师："是啊，老师怎么不点我女儿回答呢，偏心！"而是巧妙地变换身份，让孩子有了表述的机会。）

小丽满口答应，一下子乐开了花，接着便绘声绘色地向妈妈这个"老师"描述了一番她所看到的雪景。（孩子的需求得到了满足，委屈和不满得到了释放，马上乐开了花。）

当孩子受委屈时，最需要的是家长耐心倾听他诉说内心的悲伤或愤怒，让他发泄一下难过的情绪。家长要做的只是听，倾听孩子的心声。

倾听孩子有几个要点：

1. 先放下已有的想法和判断，全心全意地体会孩子，理解孩子。当孩子遭遇烦恼时，我们常常急于分析、提出建议，结果有时越帮越忙，有时则解决了表面问题，却深入不下去。这时，需要努力克制自己想帮孩子的念头，先去体会孩子的情绪，先了解一下问题的所在与根源。

2. 了解孩子的需要和请求，然后再主动表达我们的理解，最好用疑问句来给予孩子反馈。比如上面小丽的例子，妈妈了解到孩子的需求是想表达她对雪的认识后，非常巧妙而又自然地满足了孩子的需要，"那你现在把妈妈当作老师，向我描述一下雪是什么样子的，好吗？"

3. 听孩子讲话时注视孩子，保持目光接触，不要心不在焉、东张西望，面部保持自然放松的微笑，表情随孩子的谈话内容有相应的变化，恰如其分地点头。

4. 不要中途打断孩子的话，这样会让孩子觉得你不够尊重他，从而影响信任。保持持续的关注，要让孩子把话说完，直到孩子充分表达完有关感受。

疏导情绪的办法有很多，抚摸孩子的头，让孩子哭一场；或只是专注倾听，让孩子痛痛快快地说出感受，不打断孩子的话；或拉住孩子的手，在清辉满地的月光下一起散散步，让孩子能感受到他背后有父母强有力的支撑。

听懂孩子，就是要走进孩子的内心。前苏联教育学家苏霍姆林斯基说过："教育是人与人心灵的最微妙的相互接触。"

如果时间能倒流，我会摸着雯雯的头说："雯雯，妈妈觉得你有点难过，给妈妈说说你的不舒服，好吗？"

愠怒的眼神让孩子害怕

如果问你对孩子是否有暴力行为，大多数家长会否认。

我也不例外，可是有一件小事多少年一直在我脑子里挥之不去。

那是雯雯 1 岁半时。

有一天，我正在卫生间洗衣服，突然听见"啪"的一声，原来雯雯把洗脸架弄倒了，脸盆掉了下来。我扭过头严厉地看着雯雯。小雯雯看到妈妈犀利的眼光，一脸紧张的样子，小嘴闭得紧紧的，两只小手扭着抱在胸前，低着头。我说："怎么搞的，不让你动你非要动！"雯雯小嘴已经瘪了，如果我再多说一句，雯雯就会哭起来。看着雯雯紧张的样子，想想没有什么可玩的东西，雯雯不玩脸盆架玩什么呢？于是我抱起雯雯，亲着雯雯的小脸，拿出几本书和一盒铅笔，让雯雯坐在小板凳上玩去了。

这件事已过去了二十多年，虽然当时我已感觉到自己处理得不当，也做了适当的调整，但我愠怒的眼神和雯雯由于害怕而扭曲的小脸让我现在想起来都汗颜。

大概没有人会承认自己有时候是暴力的，感觉"暴力"这个词是和战争、打打杀杀等与社会不和谐的因素联系起来的，更不会把自己的家庭生活，与家人、朋友的日常谈话和"暴力"扯上关系。有人问我打过孩子没有，我可以非常坚定地说，雯雯从小到大，我从没有动过一根手指头，但这是不是就证明我没有暴力行为呢？

当我接触并系统学习了心理学后，我才明白答案是否定的。

美国马歇尔·卢森堡博士写的《非暴力沟通：一种生活语言》（*Nonviolent Communication: A Language of Life*）这本书告诉人们什么是暴力，什么是非暴力。

马歇尔·卢森堡写这本书起始于两个问题：从童年开始，究竟是什么使我们难以体会到心中的爱，以至于互相伤害？又是什么，让有些人即使在充满敌意的环境中也能心存爱意？后来，他借助已有的文化传统，提出了非暴力沟通的理论。

马歇尔·卢森堡认为：作为一个遵纪守法的好人，也许我们从来没有想过和"暴力"扯上关系。不过，如果稍微留意一下现实生活中的谈话方式，并且用心体会各种谈话方式给我们的不同感受，我们一定会发现，有些话确实伤人！言语上的指责、嘲讽、否定、说教以及任意打断、拒不回应、随意出口的评价和结论给我们带来的情感和精神上的创伤，甚至比肉体的伤害更加令人痛苦。这些无心或有意的语言暴力让人与人之间变得冷漠、隔膜、敌视。

一般人以为，暴力是针对躯体上的外在行为而造成的对他人或自己的伤害。例如，厮打、咬人，用工具伤人、杀人等。事实上，这是冰山一角，而且只是浮在水面上的那些很明显的部分。而另有一种暴力时时刻刻充斥于我们的生活，它造成人们的内伤——情绪上的伤害，被马哈马·甘地称为"被动暴力"。这种暴力激起强烈的负面情绪，时间久了，这种被动暴力产生的愤怒才引发躯体暴力。可以说，躯体的暴力是"被动暴力"产生的结果。

由此来审视自己的行为，发现很多时候我们都在有意识或无意识地对亲人对孩子施加暴力。上面我谈到的那个经历就是典型的"被动暴力"。

多数时候，"被动暴力"产生于无意识状态，也就是潜意识的一些东西在左右着自己的行为。

"被动暴力"包含心理和精神的不同层次，生活中这种暴力方式有：责骂、讽刺、不理睬、冷漠、逃避、攻击、说谎、溺爱等。比如曾轰动一时的马加爵杀人案，马连杀4个同学，直接起因是与同学打麻将发生口角，而深层的原因是同学们的嘲笑、讥讽和瞧不起激发了马加爵长期积累的自卑，从而激起了他的杀机。屈辱的经历使他想报复，而报复更是一种暴力。

其实，仔细想想，谁多多少少没有受到过暴力的影响呢？我们又有哪一个人不是施暴者？这种"被动暴力"在与孩子的相处中时时发生。

我想起了自己犯下的另一个有代表性的错误。

雯雯3岁时的一个冬天，有一次出门前，我想给雯雯穿上滑雪衫，可雯雯无论怎样都不肯穿，已经穿上了还要脱下来。我发脾气大声吼叫，脱衣服时把雯雯拉得团团转。雯雯的爸爸也大声训斥。雯雯终于委屈得大哭起来。

在街上，看见穿滑雪衫的人我就说："雯雯，你看，谁不穿滑雪衫呀？！"说了几次后，雯雯突然说："你总是说'谁不''谁不'的。"听了雯雯带有不满、有点指责的话，我们不由得笑了起来。

当天晚上，我在日记中对这件事做出了检讨："对于雯雯这种爱美（她还不懂美）的要求是应该满足的。大人眼中的美的东西孩子不一定能接受，今天爸爸妈妈的态度太粗鲁了。"

"态度粗鲁"是我当时的认识，也许我们以为找到了自己错的根源，但不会想到这是一种"被动暴力"的行为，即把自己的意愿强行加在孩子身上，强迫孩子执行，而对孩子的感受不理不睬。

我有个朋友，一直抱怨儿子这不行那不行，和儿子的关系很紧张，只要她开口讲话，儿子就会不耐烦，有时儿子会为一点小事拍桌子、摔椅子。深究原因，儿子从小到大，都是成长在"被动暴力"的环境中。在儿子小时候对他百般溺爱；长大后，遇到任何问题，不管儿子在哪里，这位母亲都会千里迢迢赶去"救火"。这位妈妈的口头禅是：他做得了吗？他会吗？哪怕是买一件小东西，妈妈都要亲自代办；儿子做得再好，妈妈都不满意。

长此以往，这位已经二十多岁的儿子内心积累了太多的不自信、太多的不被理解，在人际关系上也有诸多障碍。他内心有一座隐藏的火山，容易情绪激动、紧张焦虑，还固执己见，容易产生暴力与攻击行为。这些表现，就是长期处在"被动暴力"环境下的结果。

还有一位同事。她的女儿不愿意和妈妈多说一句话。我到这位同事家玩，发现只要女儿一讲话，这位当妈妈的基本没有听完一句完整的话，就开始指责孩子。我在旁边提醒她，等孩子讲完后再说吧。她说："什么呀，根本不是她说的那样……"

这样的沟通态度，毫无疑问，没有哪个孩子愿意再跟妈妈多说一句话。

这种语言上的"被动暴力"比肉体的伤害更加令人痛苦，而它又时时发生在我们的生活中，发生在我们自以为是"爱"的行为中。

下面的话我们也许不陌生，它们都是典型的"被动暴力"语言，也是被网络公认的毁掉孩子的"王牌语录"，括弧里是孩子们的批注。

- 我们是为你好（这句我听着就恶心）

- 父母是不会害你的（这句也恶心）

- 放屁！（真粗！）

- 听大人的话没亏吃（没当上）

- 你这孩子怎么这样？（我就这样）

- 你怎么这样对父母说话？

- 滚！

- 还不是为你吗？！

- 你以为你有多大本事？

- 小孩子懂什么！

- 去去去！

- 要不是为了你，早就怎么怎么样了！（你去啊！谁拦着你了？是我让你那么做的吗？为什么要怪在我身上？奇怪，他们自己做的决定，却要别人帮他们负责任）

·你看谁谁谁都怎么怎么样了！你看看你！（我还没说你看看别人老妈呢，你咋不跟人家父母比？别人鼓励孩子的时候你怎么做的）

·谁让当初不听我的，你活该！（这是我妈的经典语言，我妈认为我们家所有的不好都是因为我而引起的，我要为我们家负责，我说那我的不幸谁负责？她说"你－活－该！"）

·你看，今年因为你又花了多少钱。（谁家不花钱，自己家人也要算账，我真觉得这一代人自私到极致了，大概"文革"把他们都弄变态了）

愠怒的眼神是对孩子的"暴力"。这是我二十多年后才懂得的道理，也是为什么我对这件"小事"难以放下、难以释怀的原因。

虽然已过去了好多年，雯雯已不记得这件小事了，我还是想对女儿说：孩子，对不起，妈妈伤害你了，请原谅！

第二章　中学：安静生长

妈妈　不上重点也是全 A 生

从幼儿园、小学到中学，雯雯上的都是普通学校。我们择校的理念很简单：选择孩子"最适合"而不是"最好"的学校；宁当鸡头，不当凤尾；帮助孩子找到自己的兴趣，培养孩子的自信心最重要。

谈到孩子的学习，家长们无一例外会说到择校的苦恼。每个家长的逻辑都差不多：给孩子报各种辅导班、培训班，获取五花八门的证书，以证明自己的孩子比别的孩子强；想办法，托关系，找门路，拼命让自己的孩子上好学校，甚至从幼儿园起就要上好的，期望好小学、好初中、好高中、好大学，然后能有一份好工作。可以说，中国的家长一直生活在为孩子择校的压力之下。

家长们的忧虑和困惑都很现实。但是不是孩子上不了好小学好初中，就上不了好高中、考不上好大学、找不到好工作，如同多米诺骨牌，第一块倒了，后面都会倒呢？如果不去挤这个千军万马拥堵的独木桥是否可行呢？

从雯雯走过的路看，完全可行。

雯雯从小学到高中共上过三所不同的学校，除了高中外，小学和中学都是普通学校。说实话，我们感觉小学、初中差别真的不是那么大，高中相对来说重要些，但也不是决定孩子前途的关键因素。

我们择校的理念很简单：选择孩子"最适合"而不是"最好"的学校；宁当鸡头，不当凤尾；帮助孩子找到自己的兴趣，培养孩子的自信心最重要。

雯雯的小学是离家最近的一所学校。

雯雯的幼儿园，我们选择了离家很远的雯雯爸爸所在的大学幼儿园。在幼儿园的 4 年里，风里来雨里去非常辛苦。有一次，雯雯的脚卷进了自行车前轮，差一点骨折。小学阶段，当时我们工作都很忙，于是下决心让雯雯就近入学，上了一所普通小学。那里大部分的孩子都来自普通居民、周边商贩和近郊村民的家庭。

回过头来看，这样的选择非常适合雯雯。

雯雯刚上小学时，由于学龄前我们没有教雯雯认字、学英语等，加之雯雯上小学时还不满 6 岁，对于别的孩子感到很轻松的学习内容，雯雯却感到很吃力。当时班上不少孩子能认很多字，有的孩子还会加减乘除，而雯雯的算术只能勉强跟上学习进度，有一段时间，我们甚至担心雯雯是否要复读一年级。

在这种情况下，让孩子建立自信心成了当务之急，而普通学校作业较少，课外时间相对较多，正好给雯雯提供了追赶的机会。

同时，我们继续坚持给孩子多一些自由，没有让雯雯参加各种培优班、辅导班、提高班什么的，只是在老师的强烈要求下，上了作文培优班。这样保证了雯雯集中精力并有充裕的时间消化每节课的内容，扎扎实实地学习基础课。

小学一年级下学期，雯雯赶上了那些在学前班学习过的孩子，成绩逐步提高，到二年级以后基本稳定在前三名。小学阶段的学习让雯雯初步建立起自信心。

但随之而来的小升初让雯雯经历了一次较大的打击。

那一年，明知雯雯考不上名校，我们还是抱着见见世面的想法带着雯雯东奔西跑考了三所学校。由于雯雯没上过奥数班、英语班，她就读的小学也没有开设英语课程，结果可想而知，分数相差较大。没有考取名校虽然对雯雯有一定的打击，但反而激发了雯雯奋发努力的信心，她学习更加刻苦、更加勤奋，按照我们预想的道路一步步顺利发展。

初中三年，雯雯的成绩越来越优秀，自信心也越来越强，还逐步养成了一些很好的学习习惯，如完成了当天作业后会认真预习第二天的功课，把自己不会、不懂的地方用红笔标出来重点听讲；每学完一个单元，系统总结一次，列出本章节的重点、要点和关键点，找出自己的弱点、易出错点，然后一一攻克；上课集中精力听讲，积极举手发言，刨根问底提问，及时消化不留疑点；雯雯还随身带着小本子，里面密密麻麻记满了她的计划、点滴感受、不时闪出来的灵感、有启发的句子、困惑的问题……

从这个时期开始，我们对雯雯的学习基本不用过问，她太自觉了，每天把学习时间安排得满满当当。促使她这样做的原因，有保持好成绩的压力因素，更是源于雯雯内心积极向上的动力。我们坚持宁当鸡头、不当凤尾的理念已收到了明显效果。

其实，在雯雯小升初时，我和雯雯的爸爸也仔细分析过名校的优劣。

第一，所谓名校不过是名师产生名校罢了，一所学校里特别有名、特别有实力的教师不会多，孩子即便是上了名校也不一定碰得上名师。第二，名学校也不是保险箱。一份统计资料显示，上千人的名中学，中考能达到重点高中的大约只有30％，也就是说有70％的名校初中学生上不了名高中。第三，名校里尖子学生如云，竞争激烈，如果落后，很容易让孩子自卑、自尊心受挫，与其在名校当一个中等生，还不如到一个普通学校当尖子生，这一点对培养孩子的自信心很重要，这也是用学校的名气、金钱买不来的。

而普通中学压力不是特别大，老师也没有高升学率的逼迫，学生心态相对平和，心理负担较轻，更有利于扎实地打基础，这反而成为普通中学的一大优势。

高中时期，我们对雯雯的学习做了一些调整。

雯雯的中考成绩已是全年级最高的，她的成绩可以上武汉市任何一所省重点高中，而她所在的中学也不希望尖子生流向别的学校。这时，我们反而坚持让雯雯换一所学校，这样做出于几个考虑：

首先，雯雯就读的中学是一所综合学校，即初、高中都在一起，比起专门的高中学校，它的教学经验、教学方法、师资力量要逊色些。其次，雯雯所在中学的学生大部分是老师的孩子，学校风气不错，但学生结构太单一，限制了孩子观察社会的视野。我们认为，随着雯雯年龄的增长，要更多地接触不同家庭背景、不同社会层次的孩子，以培养她与各类人群交往的能力，也为将来走向社会、认识社会打下基础。再者，重点高中的学生普遍学习能力比较强，学习毅力、抗干扰能力、独立思考能力比较突出，而雯雯的学习基础已经比较扎实了，可以向更多的优秀生学习，取长补短，进步会更快一些。

基于以上考虑，我们选中了一所省重点高中。这是一所有着五十多年教学经验的高中学校，也是武汉市有名的最严厉、最严格的学校。

雯雯在这所学校里，凭着自己扎实的学习基础、顽强的毅力和强烈的进取心，学习成绩更加突出，分文理班后，成绩多次排到了年级第一，甚至区级第一，在高考前的武汉市五次模拟大考中，有四次成绩超过了北京大学在湖北的往年录取分数线。

除此之外，雯雯还结识了一批家境贫寒却奋发有为的孩子，他们的吃苦耐劳、豪爽耿直、善良厚道等优秀品质深深地影响着雯雯，也成为雯雯的好朋友。

雯雯的自信心就是这样在小学期间建立，中学阶段巩固加强，而后慢慢成为一种内在品质，学习成绩越往后越好。

在北京外国语大学德语系，雯雯的很多同学是各省外校保送来的，学习德语已经六七年了。另外，德语是比较难掌握的一种语言，尤其是语法规则很多很复杂，句型变化多端，发音古怪。马克·吐温曾说，一个聪明的人学英语需要 30 个小时，学法语需要 30 天，而学德语则需要 30 年。

从几乎最后一名开始，雯雯经历了一个极其艰难的阶段。在这期间，她甚至给我们打电话，用发不出声的嗓音哭着诉说："妈妈，我真的坚持不下去了……"像这样对学习的无奈和诉苦，在雯雯以前的学习经历中是从来没有的，可以想见当时的学习有多么艰辛。

然而，三个学期过去了，雯雯的成绩跃至德语系前列。

大二结束时，雯雯已可以讲一口流利的德语，暑假她参加了西门子公司的实习，有幸担当了西门子公司亚洲地区总裁在中国期间的英语和德语双语翻译，并到德国和其他欧洲国家游历，与德语区的欧洲人交流已游刃有余。

大学毕业那年，雯雯获得了北京外国语大学"优秀毕业生"的称号，又以突出的成绩和综合能力被世界著名的 12 所大学录取为研究生。

当雯雯跨入具有八百多年历史的维也纳大学和具有"首相摇篮"之称的伦敦政治经济学院之后，学习负担之重、压力之大，教授要求之严，超过了雯雯以前的所有学校。

如果说高三是地狱，大学也不是天堂，那么在伦敦政治经济学院就读研究生更是炼狱！

学校对论文的要求严格到了这种程度：在一篇论文中，如果一个句子中有三个词的排列组合与别的文章相同，就会被认为是抄袭；所有引用文字必须标出处，而引用的文字在一篇上万字的论文中又不能超过 500 字。

更何况英国伦敦政治经济学院会集了世界上一批非常出色、聪明、刻苦的学生，如果说在国内学习成绩保持领先需要付出十二分的心血，那么，在这里更要付出加倍的努力。

在上伦敦政治经济学院期间，雯雯还同时参加了几家世界大公司的招聘，而招聘一般要经过三到四轮以上的严苛面试。一般伦敦政治经济学院的学生会在毕业以后给自己一年的时间参加招聘，因为学习任务太重，竞争太激烈，淘汰率太高，如果分心去干别的事情，要想从伦敦政治经济学院的大门迈出去就很难了。在这种情况下，雯雯不仅在用德语就读的维也纳大学、在用英语就读的伦敦政治经济学院中，各科学习成绩获得了 A+，同时还获得了美国顶级投资公司的录取。

雯雯一位在联合国工作的德国朋友说："你太让人惊讶了，真的不知道你是如何做到这一切的！"

这样的学习成绩当然不是从天上掉下来的，在应试教育的巨大压力和激烈竞争中，任何一点进步都要付出不菲的代价。

从初中起，雯雯眼睛的近视度年年加深，镜片一点点增厚；高中三年身高没有一点增加；睡眠时间一而再再而三地缩减，初中每晚 11 点半睡觉，从高中开始，睡眠就减到 6 个小时，大学后减为 5 个小时。那些年，我对雯雯每天说得最多的一句话是："雯雯别学习了，快去睡觉！"

记得一个大年三十晚上，我们和老人一起吃完团圆饭后，当爆竹声声、烟花还在天空闪烁时，雯雯又回到书桌旁开始学习了。我说："别学了，今天是过年啊。"雯雯说了一句让我至今想起来都会揪心的话："妈妈，如果我不学习，我就有犯罪感。"

在雯雯读书的过程中，我们有几点较深的体会：

选择"最适合"比选择"最好"的学校对于孩子的成长更重要。

让孩子在适宜的环境中培养兴趣、拥有梦想、保持活力，从学习中感受到快乐，感受到智慧的挑战，从成长中感受到自身的价值，感受到生命的尊严，这些至关重要。

重点学校不等于好学校。能让学生开心快乐，个性能够得到更大的张扬，潜力能够得到最大的发挥，这样的学校就是好学校，这样的老师就是好老师。相反，用一个标准和一个模式来培养学生，把本来具有无限发展可能性的人打磨成失去独立性的人，这样的学校即使声名在外，也不是好学校。

孩子成绩好是综合因素形成的，如良好的学习习惯、独特的兴趣爱好、对知识的真正渴求、不甘落后的进取心、使命感的激励、稳定的心理素质，这些是仅仅靠上重点学校带不来的。

在无法改变大环境的时候，家长能够改变的是自己。我们的家庭是给孩子提供多一点阳光还是第二战场，是让孩子多一点自由还是多上一门课，选择权仍在我们自己手上。要有勇气、有定力不去迎合社会流行的应试教育评价，坚信每个生命来到这个世界上都有自己独特的价值，即便上不了好学校，得不到第一名，只要孩子生活快乐，有一技之长得以自食其力，能为社会尽一份责任，你的教育就是成功的。

其实，作为一个母亲，我最心疼的是孩子超负荷的劳累，我多么希望雯雯能有多一点的时间轻松地读读杂志、看看电影、睡睡懒觉、悠闲地散散步，然而，对于已经踏上这趟高速行进的社会列车，已经选定了人生目标而奋力前行的这个独立的生命，我唯有尊重、陪伴和祝福。

高考不是大限

> 无论我们如何试图规划人生，生命的历程永远无法预料。正如乔布斯所言：你在向前展望的时候不可能将这些片段串联起来，但你必须相信这些片段会在你未来的某一天串联起来。由于高考数学的失误，雯雯错失北大。看似没有上自己理想的大学，看似没有达到自己的第一目标，但从雯雯走过的路看，这一步非常重要。

有人说，没有经历高考的人生是不完整的人生。的确，高考那一刻代表着长达 12 年犹如竞走的苦读即将抵达终点，代表着从高二起就开始的无休止的压力和大大小小的备考折磨终于画上句号。这一过程，是中国一代代高中学生特有的痛苦不堪的人生之路。不论孩子成绩好坏，不论是进了重点还是一般大学，大多数中国人对高考的记忆都不会愉快。尽管如此，高考就像春节一样，已牢固地成为中国文化生活的一部分。

家有高考生，就意味着有更多更大的压力、焦虑和不安，意味着一家人的心时刻揪着，意味着一个无法预测、无法控制的重大时刻即将到来。高考不是大限，但无论孩子还是父母，都会在惴惴不安、百般受煎熬的状态中过日子。

紧张的气氛从孩子刚刚步入高二就开始了。老师不断声色俱厉地提醒学生："你们已是高考生了，要抓紧啊。"连续开多次家长会，校长、书记、各科老师轮番分析高考形势、学生状况，越说越紧迫，越分析越严峻。校长说："本届参加高考的人数大幅增加；湖北省上届理科600分以上的有五千多人参加复读，据了解，实际远远不止此数；本届录取比例可能下降。"书记说："兄弟学校对高三抓得很严，表现出咄咄逼人的架势，我校不能落后，本科和重点层面要求再创辉煌……"语、数、外三主科老师说："薄弱学科要天天见面，优势学科要间天见面，要把高一、高二、高三串起来复习，要建立错误纠正集，天天反复做。"政治、历史、地理老师说："不能偏科，文综也是大头，多一分就会多一份把握。"班主任说："近来学生精神低迷，这次考试比以前有退步。不能松懈，不能疲软，家长要全力配合……"这些话就像一枚枚钉子，深深地锤进家长的心。

走进孩子的高三教室，更让家长胆战心惊，每张课桌上堆起小山般高的书已挡住了孩子的视线，课桌脚下还有摞起来一米多高的参考书、习题集和作业本，每个孩子都疲惫不堪地埋在书海里。学校还定期组织周考、月考、大考。雯雯在日记里的描述更让我揪心："周考时，五门学科一门一门考下来，到最后人都快看不见了，眼睛发黑，又疼又胀，已看不清楚考卷上的字。"

高三学生整整一学年如同身处地狱一般，一切都在为高考做准备，这期间并不学习什么新知识，只是死记硬背高考大纲所覆盖的知识点而已。从高三开学那天起，学校就取消了以往可怜的每周仅有的半天休息，一直到高考前夕没有放过一天假。学校要求早上 7 点到校，晚上 9 点下晚自习，加上路途上的时间，孩子们天天披星戴月，每天在外时间长达 16 个小时，极其辛苦。家长要求："孩子不是机器，要休息啊。"学校答："各科之间学习的转换也是休息。"

在每个中国家庭都必须经历的应试教育面前，我既痛恨又无奈，既是一个勇敢的斗士，也是一个无奈的守护者。我曾向校方提出雯雯不上晚自习的请求，根据雯雯的学习成绩和表现，校长破例答应。但雯雯一天也没有这样做，她不愿意成为特殊学生；开家长会时，我极力呼吁多给学生一些空间，反对学校节假日不休息，考试过于频繁。但其他家长反对声一片：你的孩子自觉，成绩好，我们的孩子非要学校管才听，不能放鸭子！我意识到，自己出手击中的是教育体制这块巨大的海绵，不可能有回音，这种状况已不能用理性去衡量、去抗争。

大环境改变不了，只能在小环境中找出路。雯雯的政治科老师有句名言："忍耐不下去了——继续忍耐，坚持不下去了——再坚持。"

这期间我们用心做了几件事。

一方面，我们不再过问雯雯的学习成绩、考试排名，一个字都不提，不理会外在压力，先稳定自己的情绪，把注意力放到自己的工作上去；努力创造与平常一样的家庭气氛，雯雯想干什么就干什么，有时她戴着耳机边听歌曲边学习，我们也不会去干涉。

另一方面，尽可能想办法调剂雯雯的生活，尤其是雯雯严重的睡眠不足。由于长期的压力和超负荷的学习，雯雯小小年纪已饱受失眠的苦痛，本来每天就没有几个小时的睡眠时间，还常常睡不着，有时甚至失眠到天亮。肠胃失调，抵抗力下降，经常感冒。这期间，除了药物外，我自学了按摩、催眠术，尽可能帮助雯雯改善睡眠。有空我还带雯雯到商场买买东西，聊聊别的话题，也说说自己工作中的趣事、苦恼，想办法松弛雯雯高度紧张的神经，尽量让她放松心情。

学校 6 月停课，进入"421"教学模式，即四天自学、两天答疑、一天考试。考虑到雯雯的身体状况，加上往返学校的路程需要两个小时，学习环境也不太安静，我与雯雯商量后找到校长，希望雯雯能在家复习。校长满口答应，并主动说，两天的答疑也不用到校，如果有问题，可与老师联系好后再到校，但热身考试应该参加，还要雯雯放下包袱，轻装上阵。

雯雯的学习状况很稳定，成绩非常好，在武汉市的五次模拟高考中，有四次超过了北大往年录取分数线，两次获江岸区文科第一名、武汉市前十名，这些给了我们很大的安慰。同时，我们紧紧抓住孩子高考填报志愿这件大事，帮助孩子收集资料、捕捉信息、咨询了解各学校的招生情况。根据雯雯的学习成绩和模拟大考结果，我们全家意见统一，第一目标是北京大学，这也是雯雯多年的梦想。接下来的排序是复旦大学、人民大学、北京外国语大学、武汉大学。

确定了思路后，我着手做了几件事：

第一，广泛搜集资料，了解目标学校的历年提档分数线、提档比例、录取分数线。

第二，整理雯雯的各种资料，请学校帮忙推荐，争取目标大学的推荐、优先录取、给优秀学生加分的机会。

我整理的资料有：1. 雯雯参加各类比赛获得的奖项（如"楚才杯"作文比赛、湖北省首届口译大赛、武汉市辩论赛，语文、英语、小人才比赛、卡拉OK歌手比赛，等等）；2. 雯雯在报刊发表的文章；3. 雯雯获得的校、区、市三好学生证书；4. 高中三年每个学期老师的评语；5. 高一到高三的学习成绩单；6. 武汉市四次模拟高考成绩单。我把这些材料整理后，拟好推荐信送给学校，由学校审核盖章后寄给了雯雯想要报考的几所大学，很快就收到了复旦大学给优秀学生加分的通知书。

第三，通过电话、面谈向招生办老师详细了解本年招生情况。

春节刚过，各大学已派出招生组到各省摸情况。我找到了北大、复旦在湖北招生组的老师。招生办的老师非常亲切、热情，没有一点架子，有问必答。看了雯雯的资料后，北大招生办组长希望雯雯报考北大外交专业，复旦也欢迎雯雯就读传媒、中文、英语等专业。

那段日子，我收集的有关大学历年招生的资料有厚厚一摞，我和雯雯的爸爸反复分析雯雯的报考方向、专业等。为了不给雯雯增加压力，我们做的这一切都没有告诉她。

雯雯高考前状态还可以，在家复习了大半个月，文综成绩明显提高，但数学有两次小考成绩不是太好。离高考还剩十天时，雯雯天天到校做数学题，数学老师非常关心她，语文、政治老师也都很好，每天都在校陪着学生，对雯雯帮助很大。

2002年7月7日，高考开始。每天我们都提前50分钟到达考场，隔着学校高高的大铁门，一直看着雯雯的身影消失在楼梯拐角，听到考场铃响三遍后我才默默离开。

高考第一天是语文和数学，雯雯对数学考试感觉不好，第二天的文综和英语，雯雯感觉还不错。

7月8日下午高考刚结束，学校就将标准答案发给学生集中估分，雯雯的估分在600分左右，不是太理想，主要是数学拖了后腿。雯雯在多年的学习中，最吃力、下功夫最大、花时间最多的就是数学，但还是在这门课上丢了分，那一年高考，雯雯的数学成绩得了她从未有过的低分。

估分后，雯雯极为伤心，因为冲刺北大的梦也许真的成梦了。那天晚上，雯雯的爸爸到学校去接雯雯，雯雯蹲在校门口一直不停地哭泣。

7月10日是高考大型咨询会。在炙热的高温下，5万多名家长和孩子在一百多所大学中犹豫徘徊，举棋不定。大多数孩子多年来埋头读书，一直都将考上大学作为自己的奋斗目标，从未认真考虑过自己的喜好和职业生涯，基本上丧失了选择能力，而家长主要考虑如何根据孩子的估分填报志愿，填高了会踏空——录取不了，填低了怕错过好学校。生命中最重要的东西在嘈杂的现实中反而无暇顾及。

经过反复比较北大、复旦等学校，我们和雯雯商定填报复旦，雯雯也很喜欢复旦大学，雯雯的爸爸也是毕业于复旦的研究生，加之复旦也给了加分优惠，所以我们铁定了心。

就在交志愿表的最后几分钟，事情突然发生了变化。

从11日开始，我天天守候在复旦招生办，打听湖北地区报考复旦的学生人数，每天复旦大学的招生办老师都会到湖北省各重点中学摸情况，然后汇总。

12 日中午，到了交志愿表的时间，但我还在等复旦招生办的老师从湖北各地级市了解到的汇总情况。

12 日晚上，复旦招生办的几位老师匆匆从湖北各地区赶回武汉，汇总了各校预报复旦的生源情况，计算下来，湖北省文科预估分 600 以上的学生已有 11 人准备填报复旦大学。这只是我们知道的情况，还有一些准备报考而又未与复旦招生办见面的学生不知还有多少。而复旦大学 2002 年在湖北计划招 14 人，按 120% 投档，也只有 17 个名额，也就是说，雯雯的成绩必须保证在 600 分以上。

知道这些情况时已是晚上 7 点钟，学校又来电话催交志愿表。

就在这短短的几分钟，雯雯的爸爸果断决定改报北京外国语大学。雯雯捂着脸大哭："我只上复旦，别的学校不去！"要与钟爱的大学失之交臂了，这种心如刀割的感觉我能理解，但是雯雯的成绩真能保证在 600 分以上吗？这个风险我们敢冒吗？

从我了解的情况看，复旦大学连续五年在湖北的文科录取线是 570-580 分，雯雯预估成绩 600 分左右，而且复旦给了雯雯加分的优惠，按理说应该冲一把，但我们没有这样的胆量，也不敢拿孩子的前途冒险。

雯雯第一志愿最终填报了北京外国语大学。

7 月 23 日公布高考分数，7 月 25 日公布各批次录取线，8 月 14 日公布了第一批重点院校投档线。

雯雯的成绩高出湖北文科重点线近 70 分，但比复旦大学投档线低了几分。2002 年，复旦大学在湖北的文科录取线史无前例地超过了以往所有年份，投档线与北大只相差 7 分，排名紧随北大、清华之后；北京外国语大学录取线也高于过去五年的平均水平，在全国各文科大学中排名第四。

雯雯与北大失之交臂，与复旦擦身而过，与北外格外有缘。她人生最关键的一步就这样在遗憾和不安中拉开了序幕。

事后我们反思：在填报志愿的过程中，我们做家长的和雯雯本人做对了什么？

1. 雯雯的保守估分帮了自己的大忙。那一年，几乎所有的高考生估分都偏高，不是高一点，而是高很多。雯雯班上有两个同学估分 620，结果实际高考成绩是 570 多分。老师们分析，那一年文综开始试用机器改卷，分数都偏低。这一点我到现在都不明白，因为文综题目相当一部分题目不是死记硬背，没有标准答案，与作文一样，是考综合能力。

2. 我们收集的资料和跟踪招生办的做法也为正确填报志愿起到了关键作用。如果不知道湖北省报考复旦的大概人数，我们百分之百不会更改志愿，那么雯雯将会落得高分未上好学校的结果。

3. 我们理智而坚决的态度也很重要。雯雯高考估分后情绪十分沮丧，似乎没有达到理想目标就是失败。如果我们迁就孩子的情绪，抱着侥幸的态度保持原志愿不变，结果将是另外一个局面。

4. 最最重要的一点，北外的学习为雯雯将来闯荡世界打下了扎实的基础，也充分激发了雯雯最擅长的潜能——语言能力。雯雯当年高考英语单科获得了 145 分的成绩（这一点雯雯自己也没预料到），老师说她是湖北省英语单科第一名，当年湖北省 2002 年考生的英语平均分是 90 分。

总之，看似没有上自己中意的大学，看似没有达到自己的第一目标，但从雯雯走过的路看，这一步非常正确。

4 年后，雯雯获得由欧盟提供的研究生全额奖学金，首要条件是要能用两种熟练的语言在不同国家、不同地域的大学学习，如果没有在中国一流外语类大学的历练，没有扎实的外语基础，这样的机会是不会降临的。

正是语言的优势最大程度地激活了雯雯身上喜折腾、不安分的细胞，让梦想插上了翅膀，从亚洲到欧洲再到美洲，在古老的维也纳大学课堂上、在威严神秘的联合国办公室、在冷不丁迎面遇到索罗斯的伦敦政治经济学院的林荫小道上，雯雯经历了许许多多有趣的事，结识了许许多多有趣的人，她的生活展开了一幅又一幅精彩丰富的画面。可以不夸张地说，是语言开启了雯雯通往世界、实现自我的大门。

无论我们如何试图规划人生，生命的历程永远无法预料。正如乔布斯所言：你在向前展望的时候不可能将这些片段串联起来，但你必须相信这些片段会在你未来的某一天串联起来。

当人心迷失在名校、热门专业、金钱地位的浓霭迷雾中，当人生的重大选择陷入应试教育的迷茫困惑时，也许使命、因缘、命运会给你一个微妙的调整和修正，让你回到属于你的生命的正确轨道上。你不得不相信：生命之旅真的很奇妙。

女儿　日记记录中的青春期

成绩

进入中学后，我的成绩越来越好，许多同学的成绩都下降了，可我反而越来越好，一跃成为第一名。我成了全班公认的好学生，可是当第一名的滋味真不好受，压力太大，人也会不知不觉变得清高，我真是打心眼里不想当第一，名次保持在第3-5名最好！

现在的我越来越喜欢一个人听着歌，望着夜空或沉入黑暗，任思绪不停地翻滚，心情不住地膨胀。其实，有时自己也不知道自己在想什么，也许什么也没有想，也许想了很多。现在我也越来越喜欢逛商场，打扮自己。也许是正值青春期的缘故吧。爸爸特别反对我打扮得花里胡哨的，不正经，不传统，可我喜欢，这样可以让我显得漂亮、洒脱。爸爸究竟是大人，是上一代的人，和我在很多观点和爱好上都相反，但无论如何，我认为他是最好的父亲，妈妈也是最好的母亲！

朋友

上中学后最令我高兴的是，我终于找到了一个比较合得来、档次差不多的知音——瑞。其实我和她并非上中学后才认识，上小学就是同学，只是以前没有与她很认真地接触。上了中学，我们彼此渐渐深交，才发现我们两人惊人地相似，似乎她就是第二个我，无论是性格、家庭、理想都很相似。

和王瑞在一起，我好像就可唤回自己，所以我们很投机。

但是，初二她转走了，随父母到了另外一个城市。她走的那天，终于如我心愿地到了我家玩，我们彼此都非常舍不得。当我陪她走到车站，送她上车时，她远远地朝我招手。那一刹那，我真的好想哭，嗓子里涩涩的，泪水在眼眶里打转，但我终究还是忍住了。回到家，心里空空的，打开她送我的一大包"破烂"，什么也没想，就一直傻傻地看着。翻开那一张我们一起"偷"的贺卡，看着上面她一句句充满深情的话，我的鼻子又酸了。可正巧妈妈过来，我忍住了。终于，到了晚上夜深人静的时候，我想起和王瑞的一切往事，忍不住，大滴大滴的泪顺着眼角淌下来，滴在枕头上，湿了一大片……

好朋友走后，我尝试着建立新的朋友群，可是总有些不融合。

成长

成长究竟是怎样的呢？注定会有苦楚的伴随吗？初三半个学期，在我不经意的一瞬间就逝去了，我得到了什么呢？虽然并没有被课业压倒，但却有一种巨大的力聚在胸口，积在我微笑的嘴角，是中考压力的迫近吗？总觉得自己在后退，无论是学习还是技能或人际关系，似乎就要到了一无是处的地步了，而面对书却不想拿起，发现自己很无助，迫切地需要依靠，想要恋爱，想要和 boy 拥抱，于是我喜欢上了他。其实他一无是处，却让我莫名感动，从心中涌起一种安稳踏实的感觉。他很幽默，对我应该说很好，在他面前，我总表现得任性和幼稚。一次在心情很 down 时，我对他说："我好烦，怎么办？"他突然说他想要体会死的感觉。就在那时，我眼睛涩涩的，有一种要扑在他怀中大哭一场的冲动，感觉很累很惨，也很美……

我想，我和他还是有缘分的，像他那种沉默寡言又在外面混的人，如果我们不是同桌，我做梦也想不到会对他有什么别样的感觉。

花样年华

"对于那冰雪一般的过去，我没有存过一丝逃避的念头；任凭风吹雨打四处漂泊，在心中自有最美的花朵。忘记人们残酷的言语，就当作我能体会他们的感受，人生不过只是一程过客，又何必疼惜我的伤口……"和全班同学一起深情地朗读这首歌词时，眼泪就那么自然然地流了下来，不为什么，只为了心中涌起的感动。当时正在进行本学期的最后一次班会，班长在台上酸酸地说："以后的班会可能会越来越少了，大家应该珍惜今天的班会。"于是大家的心也都跟着酸起来，全埋下头，若有所失的样子。不为什么，只为马上要来的高三。学校已经很做作、很神经地把我们高二的学生称为"新高三"了，天哪！可是本届的高考还有近一年才进行啊。

近来，每个老师跨进教室的第一句话都以"虽然……但是……因为……所以……"为基本句式——"虽然会考取消了，但是大家绝不能放松警惕，因为这意味着高考有可能考'大综合'，而且你们已经是高三生了，所以要加倍努力！"听多了，也就麻木了。

自从进入文科班，我就从未后悔过我的选择，即使真的要考"大综合"。无疑，"大综合"对文科班而言是不公平的，要把"丢"了近一年的物理化学重又提上日程谈何容易！然而，沿着自己选择的道路走下去，朝着自己的梦想努力，即使前路艰险困难重重，也不放弃，这才是我们对于这不公平最好的抗争，向重理轻文的人们证明我们是优秀的，才是我们该做的事情。

上个星期因为会考，复习压力很大，又不在状态，竟然一个星期里哭了三次。讲给妈妈听，妈妈笑着说我无病呻吟。今天把让我感动无比的歌词给妈妈看，她又说："你们小小年纪，经历过什么真正的愁苦，怎么会被这种沧桑的歌词感动？真是'为赋新词强说愁'。"我立刻一本正经地纠正她道："不对，不是'强说愁'，而是因为现在本来就是一段容易感动落泪的日子。"妈妈笑道："对对对，是'花样年华'嘛。"

迷茫的"后高三"时期

不知道把出国作为"高三在线"的内容合不合适，因为我清楚近来的出国热与高三并没有必然联系，只是刚上高三，便接二连三地传来这个要飞去美国、那个要飞去英国的消息，让本来就惶惶不安的高三人变得更加浮躁。

电台曾有一档名为《留学时代》的节目，每逢星期三中午12点，主持人便会报出这样的名言："你问我要去向何方，我指着大海的方向"，接下来便会邀请一位即将出国留学的嘉宾，介绍自己所经历的一些留学事宜：大到如何说服签证官，如何通过GRE；小到托运行李应选用几号箱子，带出国的锅碗瓢盆，去汉正街的几号摊位买最便宜。事无巨细，一应俱全。每每听到嘉宾们用兴奋、略带紧张的语气讲述着即将出国的感受时，我总有种蠢蠢欲动却又愤愤不平的情绪——他们马上就可以飞去地球的另一边闯天下了，我却只能坐在黑板前，啃着书本涂着试卷打造未来。但转念一想，现在出国真的好吗？非也。一则，年龄太小，世界观、人生观还没完全成熟，也无法正确地保护自己。报纸上曾报道，一个在英国的中国女孩被英国政府指定的监护人竟是一个男酒鬼，最后她只好沿街敲门乞求收留。二则，出了国，在国内的近十二年的努力便没有了结果，岂不功亏一篑？所以不如抓紧时机，好好地在高三打拼一年，在骄阳似火的 7 月顺利地走过独木桥。

总记得这样一个场面：李阳到我们学校来宣传他的《疯狂英语》时曾对台下的我们说："长大以后，准备出国的人请举手！"台下几乎两千名学生齐刷刷地举起了手。李阳也许颇有些诧异，于是加了一句："我是说真的，真的有此打算的同学请举手！"结果还是呼啦啦一大片举着手，也包括我自己。

我很坚定地要出国（当然不是现在），这个观念被妈妈一遍一遍地强化着。有时我问自己：难道外国的月亮真的比中国圆，我干吗要不远万里去异国他乡找寻自己的梦想？然后我告诉自己：出国学习是一种经历，一种资本或是一种优势，还是一种潮流；至于要去哪里，学些什么，做些什么，回不回来，那些是以后的事。现在我身在二中1999 届的文科班，时间是高三，事情就是这么简单。（注：《留学时代》节目现已停播，因为主播 DJ 跑去曼彻斯特大学攻读 MBA 了。）

妈妈的反思

看到雯雯当年的日记，我很惊诧，有一种揪心的痛楚。

初中时期的女儿，学习成绩优秀并且稳定。当有的家长为孩子进入叛逆期而烦恼、为孩子学习退步而担忧的时候，雯雯的表现让我特别放心。她学习很自觉，除了完成学校布置的作业外，每天都会预习第二天的课程，每个单元学习结束后都会在纸上密密麻麻总结前一阶段的学习要点。她的刻苦努力还常常会给我们带来一些惊喜，比如小学时期没有上过一天英语的她，在不到一年的时间里，英语成绩成为她各学科中最好的，超过了已经学习了几年英语的同班同学，成为班级直至年级英语第一名，每次参加家长会都能听到老师对她的表扬。那时我几乎从不过问雯雯的学习，也不看成绩单。

那个时候，雯雯和她爸爸住在学校附近租的房间里，我每周过去几次送些吃的穿的，日子很安稳。我和雯雯的谈话，生活方面占多数，我几乎不记得雯雯跟我说过什么不开心的事。

以为自己很熟悉女儿：她最喜欢吃的东西、最喜欢的颜色……然而，女儿因为好朋友转学而陷入了没有朋友的苦闷，我不知道；中考临近，女儿感到了学业、人际关系的巨大压力，甚至对生命的意义产生了疑问，我不知道；有时女儿心情潮水般低落起伏，感觉很无助，迫切需要依靠的时候，我不知道……

　　那个时候，我的焦点是我自己的工作，对孩子的关注点只是放在生活照料上。在女儿最需要理解、支持的时候，我茫然不知，还错怪孩子，全然不知初中阶段是孩子成长的关键时期，是生命历程中的一个极为特殊的阶段。

　　时至今日，如果时光倒流，有几点我会特别关注：

　　首先，我会明白初中阶段的孩子正处在成熟而又幼稚的阶段，他们已初步具有了独立人格，对一切都不愿顺从，不愿听取父母、老师的意见，从穿衣戴帽到对人对事的看法，常处于一种与成人相抵触的情绪状态中。但由于还没有真正独立，内心并没有完全摆脱对父母的依赖，有时是为了撑起个样子给自己看，以掩饰自己的软弱。实际上，在生活中的许多方面，他们还是需要成人帮助的，尤其是在遭受挫折的时候，特别希望从父母处得到精神上的理解、支持和保护。

　　其次，初中的孩子情绪内隐性与外显性并存，他们的内心生活丰富了，但表露于外的东西却少了，加之对外界的不信任和不满意，渐渐地将内心封闭起来，表面上若无其事，但又会感到非常孤独和寂寞，希望能有人来关心和理解他们。

　　这个时期，孩子的社会性情绪会占主导地位，情感体验会更加丰富，比如郁闷、苦恼、烦躁等，爱与归属的需要成为第一位的需求，需要结交朋友、参加团体，需要被别人接纳、关注、鼓励、支持。

这就可以理解雯雯的日记中流露出好朋友离开，又无法很快融入新群体的烦恼。

第三，初中的孩子情绪变化处在不稳定时期，容易出现两极性，如同三月天，说变就变。正像雯雯日记中所说的，心情好的时候，"感觉自己是世界上最幸福的人"，认为自己非常优秀而沾沾自喜；而心情低落时，甚至为了一只气球兔的"死"而哭泣，对未来生活感到惧怕、茫然和无助，这两种情绪往往会交替出现在同一个孩子身上。

另外，成绩好的孩子因为自尊心强，更要面子，更容易隐藏自己的负面情绪，当然也更容易出问题。记得雯雯初二的暑假，我带她到成都旅游。在风景如画的旅游胜地，走着走着，雯雯突然躲到一棵大树后面哭了起来，没有任何来由。当时我的反应我到今天都记忆犹新，觉得女孩子太多愁善感，身在福中不知福。我甚至没有问一句话，只是让雯雯快跟上旅行团。

如果再给我一次机会，我会在孩子的初中阶段调整教育理念，把关注孩子精神和心灵上的需求放在首位。

重新看待早恋

在雯雯的高中阶段，我做了很多错事，而在我所有做错的事当中，对雯雯产生最大伤害、最让我后悔的事莫过于干涉雯雯的初恋了。

上高三时，雯雯对邻班的一位男生产生了好感。这个男孩家离我们家不远，每天放学雯雯和这个男孩一起搭车回家。当时我不觉得这是在"恋爱"，只不过是雯雯比较喜欢这个男生罢了。我还有点自私地想，有个男生陪同一起回家还安全些。

让矛盾激化的事发生了。

在高考结束雯雯即将到北外去读书的那个暑假的一天晚上，在我们居住的小区里我亲眼看到雯雯和那个男生相拥而坐。这下激怒了我，证实了他们超过了"喜欢"的界限。记得自己当时火冒三丈，雯雯刚进家门，我就像冒汽的高压锅，大声怒斥雯雯："你居然敢谈恋爱！你不想想现在是什么时候，才高三毕业，你这么小就谈恋爱，还在我们小区里公开，你让我们的面子往哪搁！……你怎么那么不理智，这么小你能看清楚对方吗？"当时的我怒气冲天、语无伦次，声音大得惊人。

一个从小到大的乖乖女，一个成绩全 A 的好孩子，一个每年都是校三好生的优等生，竟然冒天下之大不韪，还不到 18 岁就谈恋爱，这不是反了天吗？

我越说越来气，最后咬牙切齿丢出一句话："从今天开始，不许你和他有任何来往！你可以打电话告诉他：分手，一次也不准见面！"我还规定，大学二年级前也不允许谈恋爱，学习是目前唯一要做的事。那段时间，我几乎是每天"监视"着雯雯的一举一动，她到哪儿去、干什么、几点回来，都要给我说清楚。说得准确一点，我几乎将雯雯"软禁"了。

雯雯上大一后，背着我们继续和这个男生通信往来。为了彻底断了雯雯的念头，在又一次声嘶力竭的责骂后，我丢出了一枚重型炸弹："如果你不与他分手，我养你就算养到现在为止了！"

那天晚上，我和雯雯到一家商场买东西，听到商场正在播放萧亚轩的《一个人的精彩》，雯雯突然捂着脸蹲在地上无声地哭起来，泪水从她的指缝里源源不断地涌出。而我，一个自认为还懂一点教育的妈妈，竟然铁着心肠，冷眼看着她，没有一点点同情和怜悯。

为什么我是这样不容商量，甚至不可理喻的态度？

和所有父母一样，我们反对雯雯的初恋主要有几个担忧：一是雯雯年龄还小，不到谈情说爱的时候，在我们这一代人心目中，读书期间谈恋爱都不算正常，大学毕业后考虑这个问题最好；二是担心早恋分散孩子的精力，影响学习，雯雯的成绩一直很优秀，我们担心这会引起成绩下滑；三是担心年轻人有冲动，难以控制自己的情感，做出一些不该做的事，这一点可能是女孩子的妈妈最担心的事；还有一点就是，我从内心接纳不了这个男生，虽然他非常帅气、聪敏，非常有礼貌、有教养、有艺术家的气质，但比较内向，讲话羞答答的，和人交流甚至都不敢抬起眼睛看对方。我告诉雯雯，还没走进森林，没看见大树就盲目选中一棵，也是对自己的不负责。

然而雯雯却非常喜欢这个男生，这个男生对雯雯的爱也非常纯洁。那时雯雯一天中最幸福的时刻，是下晚自习后，这个男孩和她一起乘公交车、过长江回家。他们都有些恨"长江不够宽"，初恋里的男孩说"我等你，等到我的冷面都热了"，让雯雯幸福了很久。这都是多年后我才知道的。

这件事导致我和雯雯之间的关系进入僵化和冷战时期，雯雯和我几乎不再交流，同时她也铁了心，要远离家、远离父母，即使大学毕业也不会回到父母身边。

这迫使我不得不对早恋进行思考和观察。

我曾看过两个调查表，一个是老师和家长不允许中学生早恋的十个理由，一个是一位开明的老师让学生写下早恋的十个好处。

老师和家长不允许中学生早恋的十个理由：

1. 耽误学习，成绩会受影响。

2. 分散精力，天天想着如何搞对象会无法安心学习。

3. 浪费钱财，尤其是男生，买小礼物送女生，请吃饭，出去玩，全都要钱，而且女生也不会白花男生钱，学生还没挣钱，花在这上面也无意义。

4. 年纪轻，容易受骗。

5. 容易伤害自己，中学生还很幼稚，把握不住自己会出问题。

6. 会让老师另眼相看，会造成流言蜚语，对孩子不利。

7. 恋爱涉及的不仅是两个学生，更是两个家庭，中学生无法处理太多的问题。

8. 失去和更多好男孩成为朋友的机会。

9. 连自己都照顾不好，更不会照顾别人。

10. 谈恋爱的时间多得很，成绩决定命运。将来上了好大学、有了好工作，找个好对象水到渠成。

学生总结早恋的十个好处：

1. 满足心灵的需要。

2. 因为想要博取对方的好感，会改掉一些坏习惯。

3. 可以激发自己学习的动力。

4. 因为异性效应，可以使自己在活动中更积极。

5. 在遇到困难和挫折又不想让父母或同学知道时，有人能给你依靠。

6. 即使在寒冬时想到对方也会觉得温暖，给自己的生活提供动力。

7. 因为你喜欢对方，所以你会愿意把自己喜欢的东西让给他，这能使你变得大方。

8. 可以让你学会怎样去关爱一个人，以及关心身边的人。

9. 爱过了，知道什么是真爱后，今后才不会被别人的花言巧语轻易蒙蔽。

10. 真正有理智的人是不会被爱情缚住手脚的，一个真正有自制力的人可以处理好这方面的关系，所以适当早恋可以测试你的自制力。

说实话，父母和孩子站在各自的立场上，说得都有一定的道理。而且我身边也有不少高中生初恋后不但没有影响学习成绩，反而互相激励、双双考上理想的大学的例子。亦雯的经历也是如此，初恋带给她的是生命的丰富，是美好情感的体验，而且学习成绩没有受到丝毫影响。雯雯大二时，对今后的人生非常迷茫，找到了著名教育家徐小平谈自己的困惑。徐小平说："做你这个阶段该做的事儿，这个年龄是谈情说爱的年龄，去谈情说爱！"什么年龄干什么年龄的事，享受这个年龄的美妙时光，正如卢梭所说："20 岁——是爱的年龄。"

经过考虑和思索，我对早恋有了全新的看法。

第一，"爱"是上帝给人最好、最美妙的礼物。孩子有"爱"

的情感，从另一个方面说明孩子身心是健康的，情感的抒发渠道是畅通的，是一个正常人，是一个有激情的人，这比情感麻木、冷冰冰的人要幸运得多。

第二，"爱"的确可以激发学习的动力。我通过雯雯的例子和身边许多事实证实了这一点。当少男少女们处在"爱"的氛围中，的确有一种"好好学习，为了美好的明天而奋斗"的感觉，他（她）们有不被外界，尤其是老师和家长理解的压力，有一种担心成绩下滑的恐惧，因此不但不会松懈学习，还会更加自律、自觉，在学习上更努力。当然，有的孩子自制力差一些，学习上会被动，但从比例上看，促进学习的占大多数。

第三，"爱"能对冲当前应试教育下的巨大压力，给孩子带来温暖和美妙的感受。一位网友有点偏激但不无道理地写道："中国的教育是一种非常残忍的制度，口口声声喊减负，而实际是学生的负担越来越重。正是因为早恋才使得中国的中学生们没有集体跳楼自杀。在强大的应试教育压力下，他们每一个人都显得那么单薄、那么孤独，他们幼小的心灵正在受到扭曲教育的蹂躏。他们需要恋爱，因为爱缓解了他们的痛苦，使他们在相互交流中产生巨大的力量，他们可以互相安慰，互相搀扶，共同击败应试教育的恶魔，一起走向美好的明天。"

第四，与异性交往能力的培养是养成良好人际关系的重要途径。这一条是雯雯的切身体会。

现代社会已成为一个"关系"社会，一个人不论在社会中从事什么工作，都必须具有良好的人际交往素质和能力。美国著名人际学专家鲁道兹说过：人际关系是隐形的铺路石，是一切成功不容忽视的因素。在北京曾举办过一个世界著名教育学者参加的国际会议，共同研讨 21 世纪需要什么素质的人才。诸多观点中有一点共识：新世纪需要的人才，是同时能和多种人打交道的人。

雯雯在接受美国公司最后一轮面试时，25 个考官男女各半，年龄跨度从二十多岁到八十岁，有黑人有白人，有急躁的也有柔缓的，有严肃的也有温和的，每个考官都要和面试者单独考试一个小时，然后再写出评语。这种安排就暗含了对受试者人际关系处理能力的考察。仔细想想，这家公司很有战略眼光，他们选拔人才所遵循的不正是新世纪人才的标准吗？与异性交往有助于孩子对异性心理反应正常化，获得异性的信赖和友谊更是人际交往的一门艺术。如果我们的孩子从小就被管束得很严，尤其与异性交往受到严格的限制，导致孩子在异性面前一张口就脸红、紧张，甚至结结巴巴讲不出话来，那样很难融入现代社会，更不可能参与激烈的社会竞争。

第五，早恋的提法不恰当，初恋比较合乎人性。什么是早恋，多早算"早恋"，我找了很多资料，对此没有一个准确的定义。普遍看法是，高中以前谈恋爱算"早恋"。当然，在我们五〇后那个年代，大学生也不许谈恋爱。现在对待大学生恋爱，父母的态度比较开放。大部分家长认为，大学生已经是成年人，他们应该有自己的价值观，超过半数的父母对此不加干涉。还有一部分家长希望自己的女儿能在大学里找到合意的伴侣，因为优秀的男孩子一进入社会便被"抢"走了。

我认为"早恋"的提法是不准确的，它带有指责、贬斥的含义。

用"初恋"比较合适。无论在哪个年龄段，有"爱"的感觉都不为错，因为这是一种天性，而且是人类情感中最美的一种感受。有人甚至在小学期间就对异性有感觉，但那仅仅是一种朦胧的"喜欢"；是情愫的萌发，是情商健康的体现，不能冠以"早恋"的大帽子。一位11岁的小学生说："其实，我们小学生都不懂什么叫爱，只是单纯的喜欢而已，或许有些'喜欢'会成为学习的动力。妈妈不应该干涉孩子的隐私，应该给我们讲解'喜欢'是什么。"这位小学生年纪虽小，对这个问题的认识却很有深度。同时，我也觉察到，我对女儿初恋近乎失态的指责里，潜意识里有自私的成分，因为在单位我做的是思想政治工作，是教育人的工作，我担心自己的名声、面子，担心他人对自己的看法。

虽然我现在不会反对初恋，但有些事还得向孩子交代清楚，要克制感情冲动，不能越过底线，以免给双方带来伤害，造成不可收拾的局面。对家长来说，十几岁的孩子有了初恋是很自然的事，当以顺其自然为好，感情来了，不指责；没有，不鼓励。让生命之水自然流动，每个生命都应该在自己的轨道上正常运行。

在女儿的高中阶段，我不仅在女儿的初恋问题上横加干涉，在许多其他事情上，包括女儿的穿着打扮、饮食、发型、交友、外出等等，都过分控制。记得高考结束后的当天晚上，女儿和同学们在江滩聚会狂欢，孩子们意犹未尽，提出在外留宿一夜。我断然拒绝了女儿的请求。和她在一起的同学们轮流给我打电话，反复恳求我给他们一次机会，让我相信他们只是想多待一会儿，多聊聊，他们一定会保证雯雯的安全，把雯雯送回家。但我就像失去控制、暴跳如雷的母老虎，毫不留情、粗暴地回绝了同学们的请求。

多年后，想到这一夜，我的心都在颤抖，想大声骂自己。这件事，无论从哪个角度看我都做错了。我干涉了孩子的自由，我不懂孩子的心，更没有站在他们的角度，理解他们当下的需求。我只考虑自己的感受，专断地认为是为孩子好；表面上看我是想保护孩子，但在背后，是我没有把孩子作为一个独立的个体，是对孩子们的不信任。

多年后我到美国探望女儿，我们一起到夏威夷旅游。在一个星斗满天的夜晚，我俩躺在沙滩上谈心。我为伤害雯雯的初恋、粗暴地拒绝她在外留宿的请求等，第一次向雯雯道歉。

雯雯很久没说话，最后轻轻地说："妈妈，我真的好喜欢现在的你！"我悄悄地流泪了，幸好那天，天很黑。

第三章　大学：自我启蒙

妈妈　松开手中的风筝线

> 孩子的诞生有两次，第一次是生理意义上的诞生，与母亲分离，成为自然人；第二次发生在青春期，剪断精神脐带，成为真正独立的人。雯雯放弃牛津大学的选择让我明白：教育的过程就像放风筝，刚开始要拉着、扯着一起跑，待风筝飞到空中，就要慢慢放手，轻轻地带着，注视着、陪伴着，然后完全放手，心灵为伴。

雯雯上大二时，出现了前所未有的自我否定情绪：焦虑、迷茫。我们非常担心。

过去的18年，雯雯一直刻苦学习，年年当"三好"学生，考试争取第一名，即使在强手如林的北京外国语大学，雯雯通过每天12个小时的高强度学习，仍获得了德语系第一名的成绩。在雯雯的生活词典里，除了"好学生""好孩子"，没有其他，目标简单明确，那时的雯雯每天都把时间排得满满的。

但是，这种看上去的平静却被周围同学不同的人生选择打乱了。

班上有人放弃北外的学业去了德国，有人并不在乎当第一名，有人策划着不同的未来的路。雯雯意识到，原来除了"好学生"模式，生活还有各种各样的可能性。她开始质疑自己：当个"好学生"除了满足虚荣心之外究竟有多大意义？我到底向往怎样的生活？我的优势在哪里？我的兴趣是什么？

雯雯感慨：过去的18年她竟然从没想过这些问题！长期的应试教育把她塑造成了一个听妈妈话、听老师话、能考高分、会办活动的"好学生"，唯独没有教会她如何独立思考！

一种强大的自我否定的恐惧感向雯雯袭来。

这种自我否定的力量如此之大，我们惯用的赞美、激励方法失去了效果。无论我们说什么，雯雯都觉得自己很差，以往的自信荡然无存。

雯雯在日记中写道：

无时不在的挫败感像阳光下柏油马路发烫的沥青，辣辣地考问着我的每一寸灵魂、每一个行动。

我要到哪里去？

做个小鸟依人的小女人，穿最精致的衣服、留最温柔的发型、挂最暧昧的笑容、化最浓艳的妆、说最不达意的话，然后在人群中沉沉地老去？

当个文人，做孤芳自赏的"酸臭"知识分子，看电影、翻杂志、听巴赫、逛博物馆、买衣服，将德国文学进行到底？

或当一个简单的人，一个纯粹的人，就像朋友对我说的：每天多笑些，简单再简单、纯粹再纯粹些，让命运牵着我的手，走到哪儿算哪儿？

或找个人嫁了，有这样一个人，为你做好了一切，安排好了一切，你只用听话去做就够了，不用大脑多简单？

还是实际一点，听爸爸的，上完大学考研究生，再考博士，然后，像他一样，在大学里安安静静度过自己的一生？

或是听妈妈的，到国外留学。但是，如果到德国读研，专业需要重选，时间为5年左右；到美、英国家读书又必须考雅思、托福和GRE，这就需要把学习时间调整到英语上来。同时，除了语言专业外还得再学一门专业，目前学德语就需要花很多时间，哪里还有多余的时间？

那段日子，雯雯开始失眠，经常恍恍惚惚，一会儿手机丢了，一会儿钱包没了。还有一次，洗澡时昏倒在澡堂里，被同学们背回寝室。

我和雯雯的爸爸心急如焚。万般无奈下，雯雯同意周末回家一趟。

回到家的雯雯好像长途跋涉的旅人，倒头就睡。看着雯雯熟睡中疲惫的脸庞和紧锁的眉头，我知道，雯雯已经开始向生命的目标和存在的意义发问。

雯雯正在成长，如同竹笋抽节发出啪啪的声响，这是一个漫长而艰辛的过程。

人生是一种体验，个中酸甜苦辣只有让孩子自己去品尝。我们的经历和感悟只能作为孩子的参照，因为每个人的生命之路都不会相同。

此时，我们能做的就是陪伴。白天，雯雯的爸爸忙前忙后给雯雯做各种美食，晚上，我整夜搂着身体冰凉的雯雯。我们不谈未来，不出谋划策，也不像以前一样忙着劝慰雯雯，只是安安静静地陪伴。

"回家三天，被友情、亲情重重包围，和父母待在一起的安全感和踏实感扫除了我心头的阴霾。"但是，对前途的迷茫如同浓雾依然深深地笼罩着雯雯的心。

3天后，雯雯回到北京，找到著名教育学者徐小平谈了自己的困惑。

徐小平以惯有的幽默和热情对雯雯说："别的同学到我这里都说：徐老师快救救我，不然明天我就跳楼了。而你是我所看到的大学生中近乎完美的人，极有发展潜力、极有前途。这么美丽的季节，你要去谈情说爱，做你这个阶段该做的事儿。还有，你受你母亲的影响太深，你要学会独立，学会自己分析问题。"

徐小平建议雯雯按现在的情况走下去，不停地尝试各种领域，继续这个从混乱到清晰的过程。忙得不可开交的徐小平还陪着雯雯和其他同学吃了一顿饭，并让雯雯9月份再去找他谈一次。

雯雯还与不同国家、不同学校的同学、好友深度探讨，吸取他人的人生经验。

婷是复旦大学新闻系的博士生，她与雯雯谈了3个小时，认为雯雯可以借双语优势走出一条别人走不了的路。

华是国内某大报记者，她与雯雯长谈了7个小时。她告诫雯雯，重点是先走横路，即什么都去试一试、找一找，再走直路，即自己一生奋斗的事业。

兰表姐幸运地被剑桥大学录取为博士生，她敢于冒险、勇于探索，有许多值得借鉴的经验。

英国的琪琪、法国的欢欢、加拿大的周流、德国的文文、武汉大学的瑞、华中师范大学的君、中南财经大学的谦都与雯雯谈了自己的感受。雯雯还联系了英国剑桥大学和美国哥伦比亚大学研究传播学的博导，向他们虚心求教。

除此之外，雯雯大量阅读专业书以外的书籍。

读书、思考、名师与好友的点拨，让雯雯决定终止对自己的精神折磨，不再为模糊的、不确定的生命目标而苦恼，不再为不清晰的未来而犹豫；从大二开始，雯雯不再把当"好学生"作为终极目标，而是不停地去实践、行动，从而找出自己的发展方向。

雯雯决定把所有的可能性都尝试一遍。

她四处赶场听了数百场讲座；担任"耽误学习"的系学生会主席；和德国导演合拍纪录片；去欧盟商会参加酒会；去上海做展会；在央视实习；跟同学去飙摩托车、泡酒吧；学跳芭蕾舞。雯雯甚至还尝试着做商人，她从汉正街进了一堆手机链、发夹、包包等小零碎，准备到学校练摊儿，可最后也没有勇气在食堂那种人山人海的地方吆喝。

雯雯不再忧郁。她记下每天最快乐的几件事。2003 年 7 月 21 日的日记里，雯雯写道：

今天最开心的 5 件事：1. 球技有长进；2. 买了有隐形带的胸

罩，可以穿吊带了；3．英语、德语都读得很好；4．看到几篇极搞笑的文章；5．拥有了一个可以变形的小抱垫。

雯雯还想方设法参加各种社会实践。

大二的寒假，雯雯经过百般周折成为武汉西门子公司的实习生，并有幸成为当时西门子的执行副总裁博格先生的德语和英语双语翻译。短短两周的实习让雯雯发现自己有很多考高分以外的能力：沟通力、亲和力、应变力。

大二的暑假，作为学校的交流生，雯雯去了德国，在杜塞尔多夫参加为期四周的高级语言班。

雯雯在欧洲拍了1000多张照片，每一张里的她都笑得那么灿烂。

这一段经历，是雯雯真正成长的开端，是她走向独立的标志，也到了我们放手的时候。

当然，雯雯的状况也让我们意识到我们的家庭教育出了偏差。

18年来，虽然我们家还算得上是个讲民主、讲平等的家，我们也懂得尊重、理解孩子，但是，我们给雯雯独立、自由、选择的机会还是太少，给雯雯独自承担责任的机会太少，尤其是雯雯上高中后，我几乎包揽了雯雯所有的大小事。雯雯开口或没开口的事我都会办妥，有时，还暗暗为自己的能干而扬扬得意。

表面上看，我是为雯雯节省了时间，实际却延误了雯雯的成长时机。

孩子的诞生有两次，第一次是生理上的诞生，与母亲分离，成为自然人；第二次发生在青春期，剪断精神依赖的脐带，成为真正独立的人。

雯雯正处在脱离父母、成为独立的人的时期，但我的大包大揽让雯雯不由自主地产生了依赖，妈妈与孩子之间的精神脐带一直没有剪断，因此造成雯雯没有独立思考、独自面对人生的能力。她所出现的焦虑和恐慌的根儿在我们做父母的身上。

我们也和大多数中国父母一样，把包办看成对孩子的"爱"，把孩子当成父母的附属品，忽视了孩子是独立的个体，是具有独立人格，有能力做选择、做决定的人。

同时，雯雯所受的教育也限制了她成为独立的人的可能。从幼儿园到高中，"好学生""好孩子"是家庭、学校、社会价值观的共同取向。她一直习惯于按照老师和家长制定的标准生活，而大学宽松的环境、多元价值观的交融、多种人生观的选择，立刻让一贯循规蹈矩的雯雯变得不知所措。我永远不会忘记雯雯在黑暗中寻找光亮的那段迷茫的日子。

看清了前行方向的雯雯，喷涌出无限的生气。

大三下学期，雯雯开始着手出国求学的各种准备。但是大四那年各种诱惑接踵而至：由于成绩和各方面都出色，外交部、商务部到北外招人，德语系首推雯雯，而且只要雯雯愿意，保送读研也没问题。

放弃稳妥而又安全的国家部委工作和唾手可得的保研机会，走结果不可预测的漫长而又烦琐的出国留学这条路，尤其是报考世界著名大学，这对于没有任何经验的雯雯来说，风险极大。说实话，我们也有不少担心。

但是，经过无数次自问"我到底追求什么？需要什么？"的雯雯知道自己最渴望的还是出国继续读书。为了不受校园内漫天飞舞的各种信息的干扰，她搬出了寝室，在学校附近租了一间小房，毅然放弃诸多国家部委与世界500强企业的面试机会，潜心准备出国。

结果，出乎我们所料的是，从2006年3月到7月，雯雯陆续收到了她报考的12所国外大学的研究生录取通知书！

这12所大学，包括著名的牛津大学、伦敦政治经济学院、巴斯大学、洪堡大学、柏林自由大学、卡塞尔大学、维也纳大学、华盛顿大学等，其中有8所大学在中国只招收1人，有6所大学给了雯雯全额奖学金。

究竟如何选择，成了我们全家的难题。

12所大学各自都有不同的优势。当然，最后的取舍集中在牛津大学和伦敦政治经济学院之间。

牛津大学是著名学府，也是中国人最熟悉的名校之一。牛津大学比较教育学的权威大卫·菲利普斯教授在面试了30多位中国申请者后，当场看中并极力劝说雯雯就读牛津大学，他还亲自为雯雯申请了奖学金。更何况，雯雯接到的牛津大学的录取通知书是无条件录取！国外大学录取分为有条件和无条件两种方式，有条件录取是指要附加大学毕业证、毕业论文成绩优秀等条件，无条件录取则不需要这些。世界著名大学能够无条件录取的学生极少，因为这样做学校是要冒风险的，除非是才能特别突出的学生。雯雯当时还处在大四上学期，还有一个学期才能毕业，毕业论文的成绩和毕业证都要等半年以后才能拿到。

内心里，我和雯雯的爸爸都倾向于牛津大学，雯雯收到牛津大学的录取通知书后也很兴奋。而且，学校分配给雯雯的宿舍在牛津大学最著名的学院——耶稣学院，"哈利·波特"电影里的很多场景就是在那里拍摄的。

世界排名前三的著名大学、在中国只有1个录取名额、著名教授的极力举荐、优厚的奖学金、非常适合女孩子学习的专业，这些要素是那么璀璨夺目，那么吸引眼球，更何况跨进牛津大学那美丽、典雅、古朴的校园也是雯雯梦寐以求的理想。

但是，雯雯买来一堆比较教育学专业的书籍，并花了近一个月时间仔细翻看后，发现自己兴趣并不大。而英国伦敦政治经济学院和维也纳大学的全球化研究专业的课程几乎每门都对她有吸引力。

那些日子，我们每天都在讨论、分析，刚做决定又会改变。

非常有趣的是，我们询问国内的朋友、亲戚、熟人，大家众口一词都选择牛津大学；而雯雯的外国朋友则大部分选择英国的伦敦政治经济学院或者是德国的卡塞尔大学的传媒专业。

还有一个让我们犹豫不决的因素，就是中国人要面子，虚荣心是很重的，我们也不例外。牛津大学的名声如雷贯耳，非常光鲜，也很让人羡慕，女儿上牛津，我们做父母的脸上多有光彩啊。

经过一个月的反复考虑和对比，雯雯做出了自己的决定：放弃牛津大学！

主要原因有几个：

第一，她喜欢"全球化研究"专业，兴趣是一切事业成功的基础；

第二，伦敦政治经济学院也是世界顶尖大学，尤其以人文社会学科方面的教学和研究闻名于世，被称为"首相的摇篮"；

第三，"全球化研究"两年内要在维也纳大学和伦敦政治经济学院两所著名大学用两种欧洲语言（英语和德语）深造，同时可以在维也纳和伦敦两个既古老又现代的都市生活，如此机会极其难得；

第四，雯雯获得了由欧盟提供的高达42万元人民币的全额奖学金，用于完成在维也纳大学和伦敦政治经济学院的学业。也就是说，雯雯在国外的两年研究生学习和生活将不再需要家庭的资助，虽然我们可以满足雯雯任何一个阶段求学和生活上的经济需求。

从理性的角度考虑，我们没有理由不支持女儿的选择。因为我们看到过太多的家长和学生盲目追求热门专业、名牌大学而委屈自己的心灵需求，放弃自己的兴趣爱好。据一项针对大学生的名为"您对自己的专业满意吗？"的调查显示：回答"不满意"的占到了80%左右。这样的孩子很难在学习中得到乐趣，有可能还会后悔终生。

在陪伴雯雯选择和取舍的过程中，还有一件让我们更加高兴的事：雯雯从始至终保持了清醒的头脑，在注重学校名声还是学科兴趣之间，她听从了自己内心的声音；在接受他人的艳羡目光还是坚守自己的生命目标面前，她摒弃了世俗的虚荣心。雯雯成熟了！

雯雯放弃牛津大学的选择让我明白：教育的过程就像放风筝，刚开始要拉着、扯着一起跑，待风筝飞到空中，就要慢慢放手，轻轻地带着，注视着、陪伴着，然后完全放手，心灵为伴。

我们手中的风筝线可以松开了，虽然我们是如此喜爱和敬仰牛津大学。至今，雯雯的爸爸还保存着 2006 年 3 月 12 日 10 点 13 分雯雯发来的短信："爸爸，我被牛津录取了！"他会一直珍藏着。

女儿　我的大学：不做"好学生"

> 我们应该不停地问自己：我的兴趣是什么，我的优势在哪里；我到底向往怎样的生活，期待何种未来。如果对这些问题的答案不确定，就通过各种实践让答案渐渐明确。这些问题，越早问自己越好。

刚上大学时，以为脱离了高三会苦尽甘来，在大学里好好享受一把生活。但是德语的生涩、在异乡独自生活的不适让我在大一曾落入低谷。无数次边给家里打电话边忍不住流下泪来，甚至有退学重修高三的冲动。但我始终记得高三老师告诉我们的一句至理名言——在你坚持不下去的时候怎么办？坚持下去就是啦。我就凭着一股劲撑了下来，每天在图书馆里拼命。当走过初学新语言和初上大学的瓶颈期后，一切便越来越顺利。所以，"在你坚持不下去的时候怎么办？坚持下去就是啦"。

大一：学习好，活动多，在学生会混得开

想必每个中国高中生对那三年的严酷生活都深有体会。好不容

易通过高考进入大学，正常人都抱着多年的媳妇熬成了婆的心态期待着真正的花季雨季的到来。然而，并不是每个大学生都能一路高歌顺利走进新时代，"不幸"进入北外德语系的我便是个例外。

从小到大我都被定格为"好学生"：成绩好，人缘好，当班干。习惯了得第一，在大学里自然也不甘人后。同时，为了努力使自己成为大学里"好学生"的典范，我也积极参加各种社团与学生会，即使自己对那份工作与活动实际并没有多大兴趣。为了使繁杂的课外工作不影响自己的成绩，只有牺牲娱乐与休息时间。于是，德语的艰深与争先的性格便注定我的大一基本是在自习室与学生会中度过的。不管周遭朋友如何风花雪月夜半笙歌，我每天的生活就是上课、吃饭、开会、泡图书馆。结果是，我的大一比高三更累，大一上学期我练习德语到了嘴巴肿得张不开、嗓子疼得发不出音、用多了小舌头老想吐的地步，给家里打电话光哭，哑哑的声音把妈妈急坏了。驱使我这样做的目的，一是为了尽快学好德语，更重要的是为了当第一。加上只身在外，浓重的乡愁让我把所有的时间都给了长途电话。这种超负荷的忙碌生活几乎让我没有了思考的时间。只知道毕业遥遥无期，未来遥不可及，眼下最好是抓紧时间老老实实做我的"好学生"，一如过去的 18 年。

大二：痛并迷茫着，想到毛爷爷的话

上了大二，对于未来的担忧突然迫近，因为身边出现了别样的选择：班上有人放弃在北外的学业去了德国。我开始意识到，原来除了"好学生"模式，还有其他可能性。

当"好学生"除了满足我的虚荣心之外究竟有多大意义？我到底向往怎样的生活，期待何种未来？我的优势在哪里？我的兴趣是什么？我发现过去的 18 年中我竟然从来没有想过这些至关重要的问题。长期的应试教育把我塑造成了一个听妈妈话、听老师话、能考高分、会办活动的"好学生"，唯独没有教会我如何独立思考！面对未来无限的可能性与多种选择，我感到茫然与无助。一种强大的自我否定的恐惧向我袭来：好学生李亦雯居然是个离开别人就无法思考的人！依然是上课、吃饭、开会、泡图书馆，我却觉得生活失去了方向，因为当"好学生"不再是我的终极目标。

迷茫中想到了毛爷爷的话：真理的标准只能是社会实践（看来政治课没白学）。之所以无法确定自己对未来的取向，归根到底是对未来可以从事的工作了解得太少；我，这个学校里的佼佼者在社会里是否还优秀，也只有通过参与更多的社会活动才能明了。于是我决定把所有的可能性尝试一遍。从系里的前辈处了解到，我们的毕业去向大致可以分为三类：出国，考研，工作。考研是我最早放弃的选择，因为不想继续读德语，而转专业考研的难度和风险又比较大。所以我把实践的重点放在了工作与出国上。

大二的寒假，我经过百般周折成为武汉西门子公司的实习生，并有幸成为当时西门子的执行副总裁博格先生的翻译。这时才发现自己在学校里的勤奋没有白费。我出色的德语和踏实肯干的态度让博格先生和公司经理刮目相看。短短两周的实习让我初步肯定了自己的沟通能力与工作能力。但是直觉告诉我：繁杂的文职工作并不是我毕业后的首选。

　　大二的暑假，作为学校的交流学生，我去了一趟德国，在杜塞尔多夫参加为期四周的语言文化课程。我花两周学完了所有课程，利用剩下的两周背上背包游遍了德国的重要城市，还去了法国、比利时、卢森堡、荷兰。在欧洲的一个月，我感到自己的成长胜过在国内的一年。不仅极大地丰富了见闻，而且在语言、待人接物、独立生活等各个方面，我的能力都得到了挑战与锻炼。最重要的是：亲身感受到另外一种文化和另一种生活方式，并从他者的角度重新审视我们的文化与生活。这样的经历对我而言弥足珍贵。我第一次强烈地感受到，人在年轻时是如此需要"读万卷书，行万里路"。留学的决定在心中逐渐清晰起来。

大三、大四：一切皆有可能，只要不放弃梦想

　　决定了出国留学，下一个重要且具体的问题来了：我该选择申请哪个学科？这也是每个学语言的学生最大的苦恼——语言不是我们的问题，我们的问题是没有专业。

　　为了确定自己的兴趣，我更加积极地参与社会实践，广泛涉猎各种学科。大三一年，我听了数百场讲座，和德国导演合拍纪录片，去欧盟商会参加酒会，去上海做展会，在央视实习……有些活动，我甚至是逃课去参加的。因为，当"好学生"再也不是我的行为准则。在那个阶段，对我而言最重要的是丰富自己的经历，确定自己的兴趣。更何况学习语言是终身的过程，并不一定要坐在教室或自习室才能取得最好的效果。分清了主次，明确了目标，我每一天都过得充实而快乐。经过各种活动的历练和一年的自省，我根据自己的兴

趣和优势把申请重点放在传媒、经济和历史等专业方向上。

大三的暑假，我开始着手准备申请。由于我的英语与德语水平不相上下，也参加了托福和德福（TestDaF，针对赴德留学学生的德语语言水平测试）这两个专门的语言水平考试，我决定既申请英国也申请德国、奥地利这些德语国家的学校。申请材料基本由三部分组成：个人陈述，推荐信，个人简历。我对自己的优势和实力深信不疑：我熟练掌握两门外语，大学四年的平均成绩在90分以上，当过学生会副主席，课外活动丰富，具备在多个领域的实践经验，有各种可以得到支持的推荐人。我要做的，便是排除一切杂念，把我的这些优势在申请材料中体现出来。

然而，对所有人而言，大四注定是多事之秋。各种有关求职招聘与考研的信息弥漫在教室与寝室，人心惶惶，连空气都是浮躁的。人人都在议论去四大（四所世界知名会计师事务所的简称）的好处与辛苦，进商务部、外交部的利弊权衡。在这种环境中，人极度容易失去方向、随波逐流。而准备出国又恰恰是个漫长而烦琐的过程，需要无限的耐心与定力。于是我第n次违背"好学生"的行为准则，搬出了寝室，在学校附近租了一间小房，放弃其他一切可能性，包括各部委与五百强企业的面试，潜心准备出国。

由于我曾经在欧盟驻中国代表处实习过，一位欧洲的同事向我推荐了欧盟刚开始在中国推出的伊拉斯谟奖学金计划。项目的主题是了解欧洲，两年中在欧盟的两个国家各修一个硕士学位，所有生活费用由欧盟提供的奖学金承担，学费全免。但前提条件是，必须精通两门欧洲语言，且成绩优异。这个项目在中国只有极为有限的名额。我认为这对我来说是一个绝佳的机会，我最大的优势是精通德语和英语。所以在申请各所名校的同时，我也把申请这个项目作为重点。最终，我在各所大学中选择了这个项目。现在回想起来，如果没有我当时去欧盟实习的经历，我也许永远不会听说这个项目，也不会去维也纳和伦敦上学，最后进入华尔街的金融领域。

结语

　　大学四年，我们最需要的不是全 A 的成绩单，不是计算机二级证，也不是学生会主席的头衔。我们应该不停地问自己：我的兴趣是什么？我的优势在哪里？我到底向往怎样的生活？期待何种未来？如果对这些问题的答案不确定，就通过各种实践让答案渐渐明确。这些问题，越早问自己越好。我在大二时提问，两年后找到了答案。虽然这些答案会不停地变化，但远远比不去提问、不知道答案好得多。正如那句至理名言所说：没有自省的人生是不值得活的。

　　我现在身处不同的国家，又开始对自己提出同样的问题。过去的 8 年中，我积累了无数新的经验和知识，对自己想要的未来，与大四那个初出茅庐的小姑娘相比，当然有了不同的期待。

　　可见，我们一直要对自己提问：我的兴趣是什么？我的优势在哪里？我到底向往怎样的生活？期待何种未来？——因为，在人生不同的阶段，这些问题的答案都会不同。

保持一颗清醒的头脑

曾经在奥地利维也纳现代美术馆看了一个名为"keep a cool head"（保持一颗清醒的头脑）的展览，展出的是人们在失去理智时做出种种怪诞行为的照片。展览本身很有意思，但更有意思的是展览的名字和主题："保持一颗清醒的头脑"。在做出重大选择的时候，这一点尤为重要。

毕业在即，何去何从？每年都有数以百万的毕业生面临同样的问题。

我的感觉是：大多数人在必须选择的时候却选择了"被选择"：没有做好考研的准备，只好在无数的招聘会间疲于奔命；没有做好工作的准备，只好考研，在校园里再熬几年。大学结束，很多人并不知道自己到底要什么，希望过怎样的生活，适合做何种工作。正是因为害怕陷入如此窘境，在大学四年中，我反复问自己一个问题：我到底要什么？当想不明白时，我便设法通过实践寻求答案。最终确定了出国是最适合我个人发展的道路。

但当面对如此多的录取通知书时，我陷入了另一种窘境，也就是所谓的"dilemma"：放弃哪一个都不舍得，却又不能通过预先实践来检验自己的选择。最痛苦的莫过于在我后来选择的"全球化研究"项目和牛津大学之间取舍。两方的优势都很明显：牛津大学声名在外，其悠久的历史、优质的教育、显赫的成就，"地球人都知道"，由此推之，牛津大学的毕业证也是走到哪里都会金光闪耀的通行证。而"全球化研究"能两年内在欧洲两所著名大学用两种欧洲语言深造，在欧洲两个既古老又现代的都市生活，无须为经济发愁又能学习自己感兴趣的专业，如此机会也是不容错过的。

整个 5 月，我把两所大学的优势、劣势一项一项列满了两张 A4 纸，对着白纸黑字问自己：李亦雯，究竟什么对你更重要，学校名声还是学科兴趣？他人的艳羡还是自己的游学经历？在身边人几乎是一边倒地支持牛津时，我告诉自己：keep a cool head，最终选择了"全球化研究"项目。

当然在这个过程中我有很多时候并没有"keep a cool head"。

得知被牛津大学录取的那个晚上，我激动得一夜未眠，闭上眼就好像自己已经徜徉于古老的耶稣学院，置身于哈利·波特的魔法学校（电影取景于牛津大学），心想："以后无论再来什么录取通知我都不管了。"还有就是 5 月的某天在理发时，无意中说起我拿到了牛津的 offer，连理发的师傅都艳羡不已地说："啊呀，那可是世界著名的大学啊！"我忙不迭地追问："那您知道伦敦政治经济学院吗？"对方懵懂的眼神立马让我凉了半截……现在想来，这些都是极为可笑的表现。可是重大选择之下，往往是一些微不足道的细节让我们彻底改变了初衷：也许是一个电影镜头，一句路人的赞叹，一个随意的疑问，或是一个迷离的眼神。所以，keep a cool head，无论何时。

最后，基于我之后在维也纳的经历，还想再唠叨两句：研究生阶段的学习压力和负担，远远超过国内的大学或是高三阶段——每周都有 300 多页的英文必读资料，2-3 篇必写小论文，1 个 presentation（陈述）要准备；读历史自然不比读小说般有滋有味，更多的是枯燥的方法论和研究数据。说实话，这和我想象中的历史学习差距还是挺大的（回想当时的自己，又觉出那时的幼稚来）。所以，选择还意味着承担其带来的后果，即使这个结果不是当初设想的那样。

然而，选择并不是终点，而是一个崭新的起点。在初到维也纳的短短两个月里，我认识了无数有趣的人，经历了无数有趣的事。每周都看经典歌剧，听音乐会；还坚持跳芭蕾、学法语、演话剧，无论是厨艺还是德语语言能力均大有长进。每天都能真切地感到自己的进步。

所以，"如果老天再给我一次机会"，我仍会做出同样的选择。

有些牛人也许生来便知道自己注定做什么，比如沃伦·巴菲特，比如科比·布莱恩特。巴菲特曾说："在你年轻的时候，就赶快搞清楚自己想要的是什么，适合从事的是什么职业，然后一门心思地在那个行业专注下去。"但是大部分的人大致知道天生我材必有用，就是不知有何用。我们常被现实所迫，在真正回答这两个问题之前，就得加入工作的大潮，所以容易随波逐流，什么专业好找工作就学什么，什么工作赚的钱多就做什么。往往一路走来，不知道自己的价值何在，又不喜欢自己的工作。

我想在这里矫情地引用一段乔布斯的话，因为我没有办法比他表达得更加淋漓尽致：

"我很清楚唯一使我一直走下去的，就是我做的事情令我无比钟爱。你需要去找到你所爱的东西。对于工作是如此，对于你的爱人也是如此。你的工作将会占据生活中很大的一部分。你只有相信自己所做的是伟大的工作，你才能怡然自得。如果你现在还没有找到，那么继续找，不要停下来，全心全意地去找。当你找到的时候你就会知道的。就像任何真诚的关系，随着岁月的流逝只会越来越紧密。所以继续找，直到你找到它，不要停下来！"

（I'm convinced that the only thing that kept me going was that I loved what I did. You've got to find what you love. And that is as true for your work as it is for your lovers. Your work is going to fill a large part of your life, and the only way to be truly satisfied is to do what you believe is great work. And the only way to do great work is to love what you do. If you haven't found it yet, keep looking. Don't settle. As with all matters of the heart, you'll know when you find it. And, like any great relationship, it just gets better and better as the years roll on. So keep looking until you find it. Don't settle. ）

北京，一个冬天的童话

这是我大三时第一次参加豪华酒会后写下的随感。那次经历对我的影响是震撼的，是触及三观的。它让我看到了另一种生活的可能性，并让我最后决定放弃保研，放弃外交部、商务部的录用，出国去找寻不一样的世界。

北京冬夜的地下通道格外寒冷与空旷，刺骨的寒冷，撩人的空旷。如果你曾在晚上 10:53 背着一包德语书，拎着一本大字典从那里走过，你就知道我指的是什么。所谓空旷，其实并不是空无一人，早上和晚上总有阿婆阿公在那里卖袜子、套袖、围巾、手套、过期的原版旧杂志，廉价而低劣。现在他们正在收摊，在京城这个地下通道冷空气的包围中，颤抖着一件一件把自己赖以生存的货物放在红蓝白相间的塑料蛇皮袋中。我曾在这个时分亲眼看到两个婆婆因为对方抢了自己的生意——也许只是说服顾客多买了自己一双袜子——而扭抱在一起打了起来，撕扯着对方的脸、头发，好像自己的潦倒困窘全是因为对方的存在。其实她们在一起卖东西已经很久了，从我大一起就看到她们坐在离对方一米开外的地方以同样的价格出售同样的商品：夏天是扇子，冬天则是围巾。现在我大三了，她们还是一样卖着、潦倒着、窘困着、彼此仇恨着。生活就是残酷，如果你一文不名。崔健唱道："若和生活比起来，爱情算个屁。"其实面对生活，任何感情都是屁。

看着她们，我想起三天前应一个朋友之邀，去"嘉里中心"参加一个欧洲商界的圣诞酒会。在北京上学，父母总是把我的存折打得满满的，让我可以在这个城市里衣食无忧地向我任何一个梦想起飞。然而我还没有没心没肺到用他们的血汗钱满足自己虚荣心的地步，所以我放弃了出租车，选择换乘三次公交车从西三环我的学校向光华路挺进。正值下午5点北京交通高峰期，车上挤满了各色人等，我被挤着紧贴窗户站着。透过玻璃窗望去，这个城市在寒冷的夜色里闪烁，无数闪耀的高楼从我面前闪过。车内所有的人都满脸倦意，目光呆滞不知望向何处，空气中充满劣质衣裤的味道。广播里一遍一遍放着"享受贵族生活，西山连排别墅"的广告，为什么不顺便也播播多少钱一平呢？我对自己笑了一下，广告就是公开的引诱和广泛的欺骗。

两小时三十八分之后，我下了车，头晕、想吐。看到街边戴红袖章的大爷，我急忙上前："请问嘉里中心在哪里？""你自个儿抬头看看，这不就在你面前吗？"——一座灯火通明的全玻璃质摩天高楼直逼眼帘。真傻，如此张扬的建筑物我居然没发现，也许是车上的空气让人窒息吧。推门进去，另一个全然不同的世界再次令我头晕目眩，我想我进了欧洲的贵族会所。

这里是世界名牌的名利场，性感的模特在橱窗后凌厉而冷漠地盯着我，鲜红的唇像要把我吞下去。而这里一条围巾的价钱也确实可以轻易地做到这一点。我想到了阿婆每天摆出的五元一条的"羊毛"围巾，大概一车"羊毛"围巾也顶不上这里的一条吧。

一个私人会所门口站着两个一米九的东方美女，夸张的发型、彩妆与露背装，同样的性感、凌厉、冷漠、鲜红的唇。会所里全是白种人，偶尔几个黄色的面孔也是满嘴玲珑的英文，似乎是个私人圣诞 Party。这里的场面与气势让我这般凡人望而却步，而我要参加的酒会更是在嘉里中心最高级的名为"炫酷"（centro）的咖啡吧里。两个多小时的舟车颠簸让我成了这里最后一位来访者。其实我想逃，我还小，我只是一名普通的德语系学生，受不了这里的奢华与诱惑。惴惴不安，我近乎窒息地冲进"炫酷"的洗手间，望着豪华落地大圆镜中自己满是惶恐的充满稚气的脸，最终我还是决定让"炫酷"门口的服务生为我存好大衣，穿着前一晚从同学那借来的"Azona"长裙，走进了"炫酷"。

这里灯光暗暗的，吧台上点满了蜡烛。美丽的女人们抑或优雅地啜着红酒，抑或微闭双眼吐着摩尔烟的烟圈；富有的男人们则饮着各色价值总额可以建一座希望小学的鸡尾酒，与身边的美丽女人谈笑风生，一切都看似如此和谐与高贵，每个人脸上都挂着程式化的微笑。只是没人知道堂皇的名牌与恰到好处的微笑下，西装与晚礼服后，藏着怎样的故事，又有着怎样的欢乐与痛苦。在这样亦幻亦真的灯光与情愫里，这一切都无从得知，也无须知晓，香烟、美酒、男人、女人，便已足够。

"炫酷"有个专属的爵士舞台。暧昧的蓝色光束打在一个一袭白衣的黑人歌手身上，他很忧郁地哼唱着蓝调，身后的亚洲男人同样忧郁地轻拨着低音 Bass。我觉得他们并没唱给任何人听，也并不在意每夜出入这里的俊男美女。他们只是在这个东方的城市的冬夜里做着自己蓝色的梦，也许梦到地球那头加州灿烂的阳光和湛蓝的天空。而我也在做梦，梦着这个城市的故事，梦中这个城市的黑暗与光亮在眼前交错闪过，就像王家卫《2046》中最后一个镜头里梁朝伟的脸，忽明忽暗，忽明忽暗……

在吧台我认识了一个英国商人，他和我父亲一样大，不过他说他最小的女儿也比我大 10 岁。他说自己是个愤世嫉俗的人；他说圣诞节是狗屁；他说一切都被商业化了；他说小姑娘啊，你会德语、英语、中文，你是个聪明的女孩，你找个人嫁了吧，千万别进入商界；他说别投资，所有的人都想赚你的钱，掏空你的钱包，直到把你榨成一个干瘪的可怜虫然后把你一脚踢开；他说他在德国、法国、新加坡、英国、中国的北京、上海等地到处都有分公司与代表处；他说他每天在地球上飞来飞去，飞来飞去，飞来飞去……好累。他不停地说，不停地喝，一句一句，一杯一杯。我一直陪着他，只不过他说我听，他喝马提尼，我喝牛奶。我从不沾酒精，我亲眼看到许多人在它的作用下如何流泪，如何愤怒，如何失态，如何变得面目全非。喝完最后一滴牛奶我对他说："我很难过你不快乐。"他恨恨地看了我一眼："你错了，我很快乐，我真的很快乐，我比任何时候都快乐。"我说："那就好，我要走了，太晚了。"他给我叫了辆车，给了司机 50 块，让他把我安全送回学校，临走前他说："你很可爱，记住我的话，以后你就明白它们有用了。"他用力抱了抱我，最后说道："圣诞快乐！不过这只对你，别祝我圣诞快乐，因为圣诞节只是狗屁。"我在车里回头看着他摇摇晃晃走回"炫酷"的背影，心想，也许这辈子我再也不会看到他了。

之后在联合国、华尔街，在维也纳、纽约的酒吧，在东京、香港、伦敦的会所，我参加了不计其数的酒会与聚会。经历后才发现没有什么大不了，每个人在这样的酒会里不过是涂上脂粉摆出笑脸来扩大自己的社交圈。可是只有在经历过后才会知道，鸡尾酒、爵士乐并没那么高深神秘，不是所谓身份的象征；只有经历过后才会更加淡定和释然；只有经历过后，才会明白自己真正追寻的是什么。

直到今天，我仍然对那个英国商人记忆犹新。他曾对我说：

"小姑娘啊，你会德语、英语、中文，你是个聪明的女孩，你找个人嫁了吧，千万别进入商界；别投资，所有的人都想赚你的钱，掏空你的钱包，直到把你榨成一个干瘪的可怜虫然后把你一脚踢开。"

只是，他警告我不要做的所有事情我在 10 年后全做了，但我却有和他截然不同的感受。我成了传说中的"剩女"；我进入了商界，做了 6 年的投资，从股市再到风投；我常常从欧洲飞到美洲再到亚洲。然而我热爱这样的生活，我累着单身着并快乐着——因为我相信出色的商业领袖、合理的资本配置和改变世界的科技会让我们的世界变得更好。如果我能够在创造社会价值的同时也为他人和自己创造财富，又何乐而不为呢？

10 年后的我不再向往"炫酷"的鸡尾酒和摩尔烟的烟圈，因为真正又炫又酷的不是物质本身，而是物质为这个世界前行创造的动力。我们所在的世界并不会一直忍受漫漫寒冬，也不会一直春暖花开，因为我们的世界有着四季交替；我们的世界里有穷人，也有富人；有美女的冷艳，也有大妈的和蔼。这是个走三步退两步、蹒跚向前的世界，这是个不完美却也充满希望的世界。

| 第四章　出国：追寻梦想

妈妈　女儿闯世界的秘密武器

在我们抚养雯雯的历程中，从没有讥笑或嘲讽过孩子的梦想，而是不断鼓励她"异想天开"，也许这是雯雯闯荡世界、越走越远的原因之一吧。

出国已成为当今中国人司空见惯的生活方式，求学、寻发展、提高生活质量，在更大更新的舞台上锻造并展示自己的生命，这股浪潮汹涌澎湃，势不可当。

雯雯大学毕业后到国外读书工作已有9个年头。这9年里，她走过30多个国家、70多座城市，接触过无数不同肤色的人，遇到过无数有趣的事，当然，也遇到过无数的困境和挑战。

一个女孩子，一个被父母视为掌上明珠的独生子，一个在国内有亲人、朋友、同学等熟悉的社会关系的年轻人，独自来到完全陌生的国度，独自面对陌生的人群，使用着不属于自己的语言，吃着不合肠胃的食物，但却乐此不疲、如鱼得水，甚至把欧洲有些城市视为第二故乡，这里有什么招数和秘诀吗？

朋友

除了敢于冒险，不怕吃苦，有韧性、勇气、进取心等因素外，从我这个当妈妈的角度看，雯雯闯世界最大的利器在于她良好的人际关系。

在参加美国资本集团最后一轮面试时，有个考官问雯雯："你认为你最大的优势是什么？"

雯雯脱口而出："我最大的优势是很难不喜欢人。"

喜欢人，的确是雯雯最大的优势，也是她出色的人际沟通能力的核心。

我到维也纳、洛杉矶、新加坡、香港等地看望雯雯时，总是很奇怪：无论走到哪里，她总会遇到无数的朋友。到香港仅仅4个月，她就认识了400多人，请她吃饭、参加宴会或聚会的邀请排到了她离开香港的那一天，包括早餐、中餐和晚餐，也就是说，雯雯每一天的空隙都被数不清的朋友塞得满满的，就连我这个当妈妈的想给雯雯做一次饭，雯雯都要权衡好久，不知该推掉哪个好朋友的邀请。

在雯雯国外的多位朋友家做客的时候，每个人见到我都会说："你的女儿非常优秀，非常了不起，你的杰作就是你的女儿！"

2011年9月的一个晚上，雯雯第二天就要离开香港去日本工作。在雯雯举办的告别酒会上，一位猎头公司经理走到我身边说："你的女儿太令人惊讶了，她身上有无法描述的魅力，大家都非常喜欢她。"

按照中国人的思维习惯，我认为对方是在说客套话，便随意附和着："喔，是吧。"可能他觉得我有点敷衍他，这位身高一米八的印度籍帅小伙儿有点激动地指着在大雨中从四面八方赶来参加雯雯酒会的不同肤色的人群说："谁能做到这一点？"

这个无法描述的魅力是什么呢？

有朋友说，和雯雯在一起很舒服、很放松、很开心。更多朋友的评价是：雯雯就像小太阳，和她在一起很温暖。

在我看来，原因有二：

第一，雯雯待人诚恳、真实。在雯雯眼里，她的朋友都非常优秀，她不仅是喜欢，而且常常怀着敬意"仰视"朋友。每次和雯雯通电话，谈到朋友们她就眉飞色舞，特别开心。

听人讲话时，雯雯总是聚精会神，听得津津有味，不时发出阵阵笑声。

有一次，我到新加坡看望雯雯，我带的电脑出了一点故障，饭店总台派修理工前来修理。来的是一位马来西亚的小伙子，看上去二十七八岁，很腼腆。

我在另一个房间休息，只听见雯雯和那位修理工用英语轻声地说笑，一晃两个小时过去了，电脑终于修好了。那位小伙子离开后，我问雯雯："你们在说什么呀，怎么有那么多话说啊？"雯雯说："就是聊些他家乡的事儿啊。"

第二天，那个马来西亚小伙子给雯雯发了一条短信："我长这么大从来没有人对我这么好，谢谢你。"

雯雯说："我什么也没做啊，只是对他说的话感兴趣而已。"

毫无疑问，这位修理工成了雯雯最要好的朋友之一。雯雯离开新加坡后，这位腼腆的小伙子还经常给雯雯发邮件。

这样的故事雯雯有一打。

第二，是谦卑与低调。与雯雯交往的人，无论是看门大爷还是超级富豪，无论是男士还是女士，与她相处后都会对她产生好感。雯雯从不以社会地位、贫穷富贵和人种肤色来划分朋友，她的好朋友遍及各行各业，包括各个年龄段的人群，有联合国官员、洛杉矶副市长、外交部长、艺术家、音乐家、演员、作家、医生、摄影师、银行家，还有相当多的是司机、看门大爷、开电梯工、健身教练、黑人护士、补鞋大妈、印刷厂的工人、水果店的小伙计……最年长的近八十，最小年龄的十几岁。

其实，雯雯既没有很高的社会地位，也没有什么特殊的能力，但她有一点特别"大方"，那就是对人的关注、陪伴。

看到补鞋大妈皲裂的手，雯雯会放到自己手中轻轻地揉搓，告诉大妈要经常擦点护手霜；到店里复印资料，自己还没吃饭，会先给店里的小伙计们买好麦当劳快餐；在洛杉矶参加美国公司最后一轮也是最激烈的面试时，她被 10 个考官每人一小时的面试后，累得筋疲力尽，还想着给她的黑人司机去买点可爱的礼物；晚上，时常给看门的大爷带一瓶小酒；健身教练遇到不开心的事也会向雯雯倾诉，雯雯总是用心倾听……

我常想，在跨文化的人际交往中，一个人是否受欢迎，是否被不同国家、不同民族的人喜爱认可，不在于其学业多优秀，知识多渊博，或者多富有、多机灵，而在于品质和个性是否自然和"纯净"。

雯雯不矫揉造作，不虚伪。在我的记忆中，雯雯和她爸爸一样，从没数落过任何人，在她眼里，她周围的人、她的各式各样的朋友都是那么可爱、那么真诚、那么善良，正是朋友们给了她闯世界的勇气、力量和欢乐，朋友成为她生命中最重要的组成部分。

微笑

帮助雯雯闯世界的，还有一个小小的武器——微笑，这也是最有效的利器。

雯雯说过的一件小事让我难以忘怀。

2007年8月，雯雯从维也纳大学毕业后赶赴英国伦敦政治经济学院报到。晚上9点，飞机抵达伦敦。伦敦照样是阴沉沉、雾蒙蒙，一点也没有因为每天世界各地无数游客、学子的到来而露出和煦的微笑。

不知为什么，那天英国的入关检查特别慢、特别严，过一个人需要很长时间。在等待过海关的大厅里，挤满了说着不同语言的不同肤色的人群，长长的队伍像蛇一样扭曲蜿蜒着。

等雯雯办完入关手续时，已过去了五六个小时了。

当雯雯迈着疲惫的脚步跨进伦敦时，一位年过六十的门卫老人突然在她身后大声喊："永远不要放弃你的微笑！"

雯雯微笑着转过头，这位可爱的老人又大声地重复了一句："永远不要放弃你的微笑。"

可以想见，凌晨3点，在嘈杂、熙攘的大厅里，从这位看门老人跟前经过的大多是眉头紧锁、沉闷烦躁、疲惫困乏的面孔，抱怨、愤懑声不绝于耳。

而雯雯，纤细瘦小的身躯拖着两只大箱子，经过长途跋涉，在凉风瑟瑟的半夜时分，脸上居然还带着不经意的微笑。

也许，正是这种微笑让牛津大学的大卫教授心里的天平向她倾斜；也许，正是这种恬静自然、不恼、不躁、不急、不怨的微笑让她在美国资本集团的最后一轮面试中从数千人的激烈竞争中脱颖而出；也许正是这种微笑，在每一个陌生的国家、陌生的城市，让雯雯身边聚集起无数的朋友，获得众人的喜爱。

在奥巴马的传记里，我注意到一个细节：奥巴马是个比较含蓄的人，他的脸上总是挂着微笑。一般人认为，面带微笑，不做出格的动作，你就是个有教养、有礼貌的人，这是奥巴马很早就领悟到的道理。在参与总统竞选的过程中，奥巴马始终面带那迷人的微笑。而竞争对手戈尔是严肃有余、活泼不足，奥巴马则是两者兼顾，恰到好处。

2008 年，李连杰登上美国《时代》（TIME）周刊的封面，文章称赞他已从全球最知名的华人艺术家变成一名慈善家，李连杰说了一句震动人心的话："我活了超过 40 年的时间，才体会到最厉害的武器是微笑，最强大的力量是爱。"

微笑不仅是一种习惯，更是一种生活态度。雯雯对此深有感受："快乐永不只是一种心情那么简单，很多时候，它就是你的优势，就是使你与众不同的力量。"

雯雯在办公室对同事们报以真诚的微笑，也对公寓中的电梯工说声"早"，对看门的大爷报以微笑，对拖行李的门童微笑，对健身教练微笑，对从未见到过的陌生人微笑。

雯雯的微笑每天都带来许多快乐和"财富"。

雯雯公司的一位领导，平时过于严肃，对人也很苛刻，同事们都惧怕他，没人愿意接近他，甚至不愿和他交谈。

我在新加坡参加雯雯同事的婚宴中看到了他。那天的婚宴他来迟了，他挑中与我们同桌。本来说说笑笑很热闹的一桌立刻冷场。这位领导独自坐在一边，冷峻的脸上努力挤出一丝讨好的笑容，但没有人和他搭话，一位很有个性的美国人甚至因他的到来而当场离席。

过了一会儿，雯雯微笑着和这位极为尴尬的领导轻声交谈起来，他紧锁着眉头告诉雯雯，他的姐姐得了不治之症。

也许他严肃的面孔后面是担心自己做不好，也许他苛刻的言语是来自对自己的严苛，也许他无法获得别人的喜欢是因为他不喜欢自己，雯雯这样分析。不管怎样，雯雯成了公司与他最亲近的人。

信任

雯雯朋友众多的另一个重要原因是，对人的坦荡信任。无论是熟人或生人，雯雯总是坦荡、真诚地信任他们。

一次，雯雯到菲律宾的一个岛上旅游。当时已近午夜，看到窗外皎洁的明月，波浪翻滚的大海，雯雯便独自去海滩跑步。跑步途中，路过海滩边的一群小伙子，有七八个，大约十六七岁，他们齐刷刷地盯着雯雯。雯雯没有放慢脚步，很自然地和他们打了招呼，继续往前跑。

没想到，原本坐在海滩上的这群小伙子跟着雯雯跑了起来。雯雯边跑边与他们聊天，没有丝毫胆怯。他们彼此聊得非常愉快，还一起唱了歌。雯雯唱一句他们接一句，唱了很多世界流行歌曲。

跑累了，他们就在海滩上坐下。在清亮亮的月光下，雯雯问小伙子们有什么梦想。

这群男孩你一句我一句地说开了，有的说想读大学，有的想马上工作，有的想和爸爸一起捕鱼。一位腼腆的小男生知道雯雯从美国来，小声说："我也想到美国去。"他们告诉雯雯，他们从没离开过马尼拉。

海风吹来，雯雯打了个寒战。让她终生难忘的一幕出现了：男孩子们先是你看看我，我看看你，突然，好像有人喊了口令般，这七八个男孩手挽着手，肩挨着肩，把雯雯围在当中，用他们不宽厚的身躯筑起了一道"围墙"来挡住海风。

雯雯说，当时，一股暖流涌入心田，她觉得这些男孩子太可爱了，也感觉人世间是那么地美好。

"当时你一点也不害怕吗？"我心紧揪着问她。

雯雯说："当你相信对方时，对方也会相信你，这是有感应的；即便没有语言交流，身体也会发出信号。"

后来，这帮孩子一直挽着手替雯雯挡着风，把雯雯送到饭店，并依依不舍地与雯雯分手。这些可爱的年轻人一直站在门外，目送雯雯走进饭店。

雯雯很早就体会到信任人的魔力，她在初三的日记里写道："信任，真是一种神奇的东西——它能改变自己的命运，也能改变别人的命运。虽然在如今这个纷乱芜杂的世界上，相信别人有时需要很大的勇气，可我仍要说：请相信别人吧，因为相信人，真好！"

正是靠着这种信任，雯雯独自一人在陌生的国度克服了许多常人难以想象的困难，解决了许多麻烦，跨过了她人生一道又一道的坎儿。

敢闯

当然，闯荡世界最强的驱动力是追寻自己的梦想，要有"闯"的强烈意愿，而不是仅仅迫于学业、生计的压力和父母的要求。

雯雯的梦想很多，特别爱憧憬未来。大二那年，雯雯把想做的事和人生愿望罗列了一下：

1. 有一个真心的爱人（沉默地包容我，有生命的大智慧，可以和我一起享受雨后带露珠的绿叶，宽容、勇敢、坚强、善良、正直、专一）。

2. 有两个可爱的孩子。

3. 有一栋充满阳光和植物的房子，里面有我的练声房、舞蹈房、健身房、书房，房前有一个小花园，屋后有游泳池。

4. 有一辆美丽的女式汽车作为交通工具。

5. 游玩行走世界美丽的角落（欧洲、美国、西藏、敦煌、上海、广州、香港、江苏、周庄）。

6. 拥有自己喜欢的、自由的工作，并在所从事的领域内有所成就。

7. 去西部支教或到乡村小学做项目，了解什么是贫困与饥饿，从而更珍惜自己的生活，并尽力为贫困的弱者做点什么。体验西方文化，体验贫困，从而用不一样的视角看待生活。

8．永远对生活保持着敏感与激情。

9．拥有并保持坚强、宽容、充满爱和快乐的心灵。

10．拥有并保持善于发现美丽与快乐的眼睛。

11．爱人并真心帮助人、不求回报。

12．能经常感悟生活并随手记录（发表）。

13．做一个理性与浪漫并存，独立与娇嗔兼具，有知识有思想有头脑，美丽、充满爱心的女人。

14．每天都有时间读书（艺术、哲学、文学、经济等）。

15．有时间有心情每个月去参观美术馆、博物馆，听音乐会。

16．成为父母的骄傲。

17．在学生时代体会不同的文化，到欧洲与美洲留学。

18．尽力享受每一寸每一刻的阳光。

19．每天都有足够的时间运动。

20．保持苗条的身材和姣好的面容。

21．拥有一辈子相亲相爱的朋友。

22．出一本散文集。

23．学画画。

24．学跳芭蕾。

25．学声乐。

26．弹钢琴。

27．练瑜伽（学会一种心灵放松术）。

28．会一门空手防身术（跆拳道）。

29．参与出演一部电影。

30．常在家里开小型聚会，招待我和老公的共同朋友。

31．有 5 个同性密友。

32．有 2 个异性密友。

33．养好一株绿色植物和一盆花。

34．自己烘烤面包，做好两个拿手菜。

35．坚持记日记。

36．养一只宠物。

37．喝红酒、干净的白开水、花茶、鲜果汁、咖啡、鸡尾酒、鲜牛奶，吃新鲜蔬菜、水果、鸡蛋、鱼、豆腐。

38．时刻和音乐为伴。

39．当一次电台 DJ，上一次电视，做一回记者。

总之，我要过自己想过的生活，去国外留学；享受生活中一切美妙的文学、电影、美术、音乐；坚持运动、旅行、写作、歌唱；拥有爱情、友情和亲情；一定要有自己的事业和经济实力；有坚强和独立的性格；重要的是心灵的平静，宽容、快乐；保持健康美丽的外表和身体。

10 年过去了，细数起来雯雯想做的事已实现了一大半。

在维也纳大学和伦敦政治经济学院读书，成绩全优并获得了两个大学的硕士学位；到中央电视台实习；到西门子公司实习；到欧盟中国总部实习；在联合国工业发展组织实习；在印第安纳州为美国学生做公益性演讲，介绍中国文化和中国孩子们的学习生活，当地报纸为此做了专题报道；在维也纳、旧金山、洛杉矶多次登台独唱爵士；做了一次导游，体验了服务业的艰苦和乐趣；游走了欧洲、美洲、亚洲30多个国家的50多座城市，经历了无数有趣的事，结识了许许多多有趣的朋友；每年生日都会收到来自世界各地不同国家朋友的祝福邮件，最多的时候达三百多封；在维也纳、伦敦、洛杉矶、新加坡、日本、香港地区举办过多次有趣、欢乐的聚会；坚持跳芭蕾10年，已达到业余芭蕾演员的标准；练习跆拳道升到了红带；每天工作再忙也会坚持锻炼身体；积攒了好多张音乐CD，最喜欢巴赫和爵士乐；有自己喜爱的银蓝色奔驰跑车；每到一个国家或城市，去得最多的是博物馆、美术馆……

不知在哪儿看了一句话让我很有感触：有梦想会折腾就是成功人士的秘诀。

每个人来到这个世界的时候，按道理说都是平等的。终其一生，每个人成就的大小，除了基因这个内在变量，有没有梦想、会不会折腾便是决定因素了。幸运的是，在我们抚养雯雯的历程中，从没有讥笑嘲讽或压抑过孩子的梦想，而是不断鼓励她"异想天开"，也许这就是雯雯闯荡世界、越走越远的原因之一吧。

另外，孩子出国对于父母也是一个极大的挑战，学会放下对孩子的焦虑，放下满足自我的需求，学会适应子女离开后的孤独与失落，学会应对跨国文化对心理的冲击，这是我们做父母的功课。

记得雯雯刚到美国工作时，由于对住房的安静程度要求很高，陆陆续续看了 50 多处房，却一直拿不定主意。同时，她面临着新职位的极大挑战和压力，着急工作，又因看房花费了太多时间，在远洋电话里，她不停地自责懊恼，焦虑烦躁。我们当然也很着急，但我并没有责备她，而是让她放松下来倾听自己的内心，如果不满意，就继续寻找，这不是什么过错。正是这种包容、理解和平静的态度让雯雯冷静了下来，很快就做出了决定。

有些家长对出国的孩子不放心，一旦孩子没有及时给家里打电话或碰到一点麻烦，就焦虑不安，并且通过各种方式把这种焦虑传递给孩子，这可能是导致孩子无法适应国外生活、无法站稳脚跟的一个原因。

所以，闯世界不是简单地送孩子跨出国门，而是需要全家人做好心理、情感上的准备，共同努力才能开花结果的过程。

马克·吐温说："智慧的可靠标志是开放的心态。"我特别庆幸雯雯有一个极其开放的心态，有不达目标绝不放弃的个性，有谦卑好学的品行，还有许许多多热心帮助她的朋友，所以，雯雯闯世界的梦还有很多。

10 年后，雯雯在想做的事的清单上又续添了长长的尾巴：冲浪、开飞机、组建自己的爵士乐队、打造一个平台让身边的朋友都能积极地为生活奋斗和创新……

2014 年 11 月，与美国前总统克林顿

上图：2015 年，与巴菲特合伙人查理·芒格
下图：2011 年，在香港妇女基金会工作

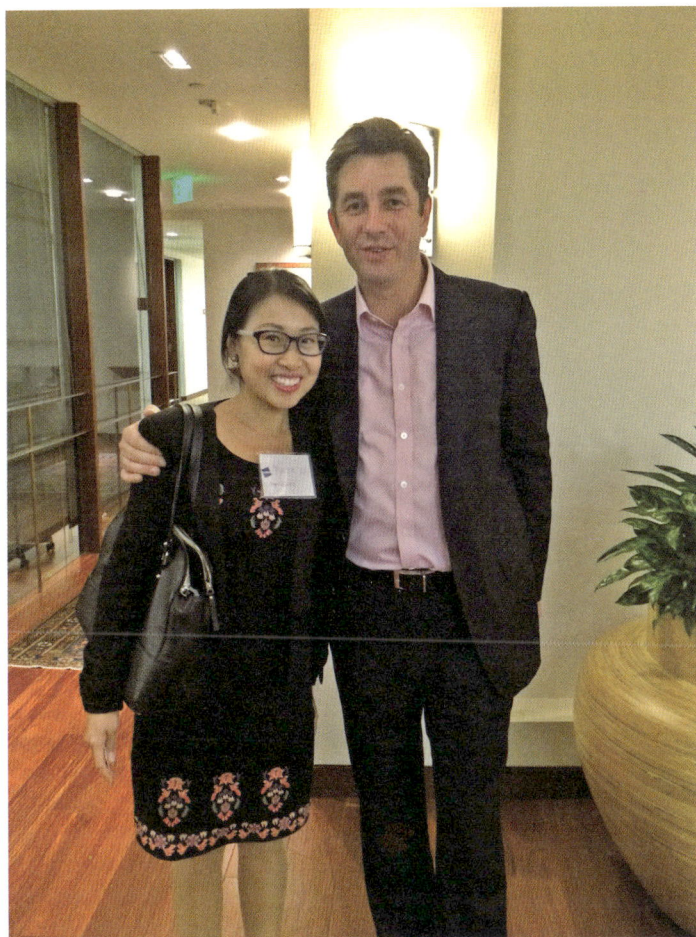

2014 年 10 月，与《胡润富豪榜》创始人胡润

2014 年 4 月，旧金山"百人会"年会，
与华美银行主席 Dominique Ng（右一）等人

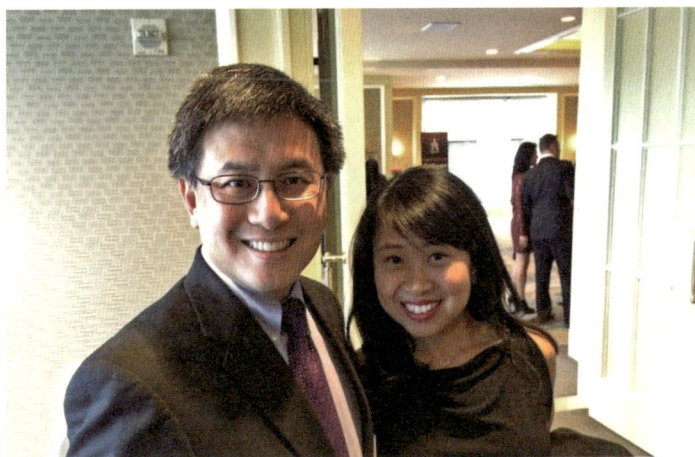

上图：2014 年夏，在洛杉矶湖人队休息室与科比
下图：2014 年 4 月，与美国加州财务长江俊辉

左上：与好莱坞著名导演杨燕子
左下：与美国国会议员赵美心女士
右图：与香港恒隆地产董事长陈启宗

上图："百人会"新一代年轻的领袖

下图：2015 年 11 月，受邀在中国大数据创新发展大会上做主题发言

女儿 欧洲梦、美国梦，
还在寻梦世界的路上

> 学习什么专业并不能决定你的职业生涯从事什么。只要为人诚实正直，学习能力强，工作努力，在不同的环境里都能屈能伸，与同事相处融洽，就是把你送上月球也可以找到工作。但前提是：你得了解自己想做什么，最擅长什么，而这两道题，也许是世上最难的问题。

2008 年毕业的一代看似命运不济，其实是一种幸运：在事业的初始就经历百年不遇的世界金融危机，让他们对职业生涯的不确定性有了更深刻的了解。而我就是 2008 年从伦敦政治经济学院毕业的。毕业之后的 6 年中，我先后在 7 个国家的 15 个城市工作与生活，从事金融领域里的各类职务。一路走来，从投资公共市场的股票分析进入了专注于高科技公司的风投与私募领域。这些年来在金融行业的历练所教会我的是：如今的社会没有所谓永远稳定的工作，只有风险和危机才是不变的真理。所以要在职场立于不败之地，唯有不断学习，拥有一项高于其余竞争者的专业技能，并且抓住所有机会建立和扩大自己的人脉资源。

"你从未听过的却是最牛的公司": 初识资本集团

在伦敦政治经济学院的下半学年, 应届毕业生纷纷准备找工作。由于学校的名声与侧重点, 各大金融投资公司都来做校园招募。本就不大的校园每天都被投行、投顾、咨询、四大的面试官和衣着考究的面试学生挤得水泄不通。学校里默认的就业方向是: "You hit a homerun if you go to investment banking, you are ok if you go to consulting, otherwise you are a loser." (如果你进了投行你就是英雄, 如果你做了咨询你就还可以, 不然的话你就是狗熊。)

正在学习经济史和世界史的我, 在连什么是投行都没有搞清楚的情况下就开始随波逐流地去面试传说中的金融巨鳄: 雷曼兄弟(倒闭之前)、高盛、摩根大通、摩根·士丹利等等。当然也少不了与咨询业的切磋: 麦肯锡、BCG、贝恩的校园宣传会人头攒动, 每场必到。面试后, 总体感觉就是, 所有公司都打着 "我们是不同" 的旗号, 却无法让我看到他们真实的差异: 面试官介绍公司时永远是彬彬有礼、无懈可击, 公司的面试程序从智商测试到团队合作到案例分析都是大同小异。就连免费餐点都差不多: 三明治、可乐加薯片。

在这种信息不对称又无差异化的招聘会上, 我贸然决定用公司所提供的免费食品来判断公司的好坏。终于有一家叫作 "Capital Group" (资本集团)的公司完全吸引了我的注意:

一来, 这个名字并不是人人耳熟能详的巨鳄, 网上能找到的关于他们的资料也不是很多。但在我一番调查后发现, 这是一家少有的非上市大型资本管理机构，旗下管理的资产竟高达一万五千亿美元！投资的范围涵盖了几乎全世界各大股票市场的大中型公司。资本集团总部位于洛杉矶，分公司遍及北美、欧洲、亚洲，却没有一家在中国！第一个闪过我脑子的念头——这是它们迟迟不愿涉足中国市场，还是他们正在决定进入这个巨大的新市场？这不正是我的好机会吗？

二来，他们来校园所招募的项目并不是一般的分析师（analyst）或是初级员工（associate），而是一个设计罕见的全球精英培训项目：在全球甄选 8 个人参与这个项目，每四个月在公司不同的部门与地区完成一个不同的项目，两到三年内会在五到六个不同的城市工作与生活。外加可以自选为一个非营利组织工作四个月，并由公司照发工资。在所有非美国洛杉矶总部城市的所有住行费用完全由公司承担。这个项目的第一年会在加州度过，因为每周有两次金融投资课，由公司请到的最好的商学院老师为项目成员亲自授课。在这个项目结束后，公司和项目成员自由选择和申请适合的职位。当我看到这个项目的介绍时，我马上心跳加快，和遇到一见钟情的白马王子是同一个反应：世上真有这么好的事吗？不仅几乎让你免费上一年商学院、周游世界两年，还能直接加入金融界悄然无声的巨人团队。这是传说中免费的午餐吗？

三来，招聘官和蔼可亲，解说公司如同与你拉家常一样，完全没有华尔街大公司高高在上的架势。他们唯一流露对自己公司自豪的评语是："这也许是你从没听过的最牛的公司。"（This might be the best company that you never heard of.）后来随着我对公司的了解日益加深，觉得这句话实在没有夸张。

更让我印象深刻的一个细节是：他们把在校园招募会上对公司表示兴趣的同学们全部邀请到位于伦敦维多利亚的办公室，与公司员工共进午餐，做进一步的了解。午餐居然包括前餐、主餐还加甜点，让别的公司的三明治、可乐加薯片顿时黯然失色。虽然很肤浅，我当即决定这就是我的最终选择。我的逻辑是，如果一家公司对一个还未加入公司的应届学生都能如此"厚待"，他们对自己的员工也不会差到哪里。

于是，我和资本集团长达五个月的面试 PK 正式开始。

职业生涯最重要的两个问题是什么？

如果说大部分公司两周三轮的密集型的面试是爆发型百米短跑，那么资本集团的面试则是长达五个月的马拉松。

与别的公司不同，这家公司的五轮面试从欧洲到美国总部，所有的面试都是和考官一对一的博弈。出人意料的是，这里没有案例分析也没有智力测试，更没有数字游戏，他们的面试就像聊天，问你的背景、你的家庭、成长的经历、选择公司的理由，还有很多即兴表演类问题，例如，"如果你的同事和你一个团队，他犯了错却往你头上推你会怎么做？""假设你是一个产品，我是买主，请在30秒内说出让我买下产品的最佳理由。"这样的问题让你无法准备，只能以第一反应作答。他们需要看到的是没有任何准备的情况下的最真实的你，然后再分析你和公司的文化是否兼容。在经历了大约四十次这样一对一的对话后，公司和我都对彼此有了极为深入的了解。正如恋爱，必须将心比心、两厢情愿才能结为连理。而这个漫长的面试过程就是让双方都感到可以放心在一起的过程。

在近八千个申请人中作为少有的两个中国人之一被选中，我想是因为他们最看中的不是申请人的智商或"硬"技能（hard skill），而是人品、性格、应变力、学习力，加上团队合作精神。他们并不要求申请人有金融背景，因为他们相信只要肯学会学，大部分的工作都可以在工作中学会（learning by doing）。其实他们选拔的条件并不复杂：一定要诚实，和同事协调共事，勤奋好学，最好有国际背景和"有趣"的经历。值得一提的是，大部分和我一起加入培训项目的同事都具有在中国家长眼中极难找工作的专业背景：教育心理学、行为经济学、国际关系、宗教学、比较文学等等。以我自己为例，我的专业背景是德语，我的硕士学习阶段主修的是世界经济和历史，与投资分析相隔万里。可是公司的宗旨是：金融专业知识是可以在工作中学会的，而品格、思考能力、分析能力、人际交往能力，以及学习能力是在长时期生活中养成的，正是这些难以量化的能力才是这个世界金融巨人最看重的。所以这个别出心裁的精英计划的目的就是让我们最大程度地了解公司，融入公司文化；了解自己，明白自己最喜欢的和最擅长的领域，对那个领域做深入的学习，然后在此一展宏图。

在接下来的几年中，我转战公司在全球的十多个分部，每四个月就参与一个新的项目。经历了从后台到 IT，到市场销售，再到投资分析的资本管理行业的所有环节。在做每一次项目时，我反复考问自己这两个问题：

你最喜欢做什么？

你最擅长的是什么？

而对这两个问题的答案往往是一致的，因为如果你喜欢做一件事，那么你能把这件事做好的概率就会很高。大家都知道"木桶原理"：一个由若干木板构成的木桶，其容量取决于最短的那块木板。中国传统的哲学就是以这个原理为导向，讲究取长补短，求中庸求稳定。而我反复考问的两个基本问题追求的其实是"反木桶原理"：木桶最长的一根木板决定了其特色与优势，在一个小范围内成为制胜点；对个人而言，就是不断加强自己最突出的优势，全面避免自己的劣势，独树一帜地在自己最拿手的领域里发光发亮。与木桶原理求稳固的保守思想不同，反木桶原理是一种提倡突显特色的创新战略；与其花大量时间提高自己的短处还是只能达到平均水平，不如不断加固最长的那根木板，做出自己的差异化与比较优势，在短时间内成为行业翘楚。

秉着反木桶原理，问着这两个基本问题，我在一年后明显地感到自己最大的优势是与人打交道。我热爱结交不同的人，了解他们的人生故事和需求，为他们的问题找到解决方案。我的第二个强项是分析与制订复杂的商业模式，开拓新兴市场。我也明白了自己不喜欢（所以也不擅长）的领域，譬如后台管理等支持性工作，虽然是公司不可或缺的部门，但是我超级外向、不太讲求细节的个性让我无法在这样的工作中得到满足。

有如此精彩的机会体会不同的领域，感受不同的城市，结交公司内外各色名流，让我对自己的爱好与技能有了前所未有的了解。

接下来的任务是找到我的兴趣与公司职位的结合点。哪个职位是最可以善用我的优势给我发展空间的？如果找不到这样的结合点，我的选择可能是离开公司。这可能会让人匪夷所思，公司每年在每一个项目参与者身上花百万美元，会轻易让我们离开吗？开始我也不理解，但公司的宗旨是：如果你在资本集团找到了你的爱好与技能的结合点，你会为公司长久效力并且发光发亮；但如果做不喜爱也不擅长的工作，效果只会差强人意，最后还是会离开。所以从一开始，我们和公司签下的就是双方自愿没有年数限制的合同。

首创华人理财市场：如何让人信任你？

在明白我的爱好与长处后，我决定在资本集团为自己创造一个最能发挥自己优势的职位。

资本集团总部设在洛杉矶，而洛杉矶正是美国华人聚居地之首，华人移民之势有增无减。在我看来，华人市场无疑是一个发展速度极快的市场。我在工作之余做了一个华人理财市场潜力的调查报告，"采访"了近五十个在洛杉矶的高净值人群，证明了这个市场的巨大潜力。于是我向公司高层递交了我的研究报告，建议公司抓住时机积极开拓这个市场，并毛遂自荐作为开辟市场的第一人。当时我的心里直打鼓：公司文化的核心是保守谨慎，他们对华人市场既好奇却又犹豫不前，主要原因是对这个市场实在不了解，而在洛杉矶总部又几乎没有中国员工可以帮助他们了解这个市场。理财部的大多数同事都拥有二十年以上的从业经验，与他们相比，我在理财行业的经历几乎是零；但是我的文化背景和中文技能是公司别人没有的优势，加上我与人打交道的能力和对发展新兴市场的热情，我坚信自己可以做好这个由我自己创造的职位：高端华人客户理财经理。果不其然，公司高层看完我的研究报告后，决定让我写一份开拓这个市场的商业计划书，让我一周后给理财部所有决策层做报告，展示我的研究报告与商业计划。我感到热血沸腾，这说明公司对我的建议是重视的，这个绝好的机会我不能错过！于是我花了一周的时间，对南加州的华人市场做了更详细的分析，研究华尔街各大投行对这个市场的策略，对比资本集团的优势与劣势，做出了一份详尽的 SWOT 分析报告，以及进入市场的一至三年分步方案。一周后，我的方案报告与信心终于说服了董事会尤其是其中一位重量级高管，他们决定给我一年时间"试水"。我就这样带着激动、兴奋和些许忐忑走上了我的新岗位。

我没有行业经验，也没有团队支持，只有一年的时间去证明这个由我提议的市场的潜力。无数有关建立新兴客户群体的研究表明："It's a number's game"（这是个数字游戏）。不管是销售、募资，还是开拓新市场，见的人愈多，成功的可能性就愈大。也许你见了一百人，其中十个人会和你的事业相关；如果幸运，这十人中的一人会为你介绍一个潜在客户；如果你的能力不错，那么这个潜在客户会有一半的概率成为真正的客户。于是，我决定参加所有和加州华人有关的活动，认识相关的人越多越好，对这个市场的实际了解越多越好。从周一到周五，几乎每天的早餐，上午的咖啡时间，午餐，下午的咖啡时间，酒会，晚餐，我都安排了和潜在客户见面，或是和可以为我介绍潜在客户的律师、会计师、房地产商等相关行业人员开会。参加过的各种论坛与聚会过百。每天我工作 15–18 个小时，回家后筋疲力尽，却总会快乐地收获知识、朋友、商业联系，或是客户！一年中我建立的联系人过千，建立的潜在客户过百（要成为资本集团高端理财部的客户，可投资产必须超过五百万美元）。这些联系人中，许多人后来不仅成为我的职业伙伴，也成了我的好朋友。

如何与人建立信任，也许是这个世界上最难的问题，但也是成功的关键。这也是我在"创业"一年中遇到的最大的难题。在这个选择无数、几乎所有行业都供过于求的时代，为什么客户会选择与你共事，把他们辛苦赚来的钱交给你来打理？业务水平、专业知识、公司背景固然重要，但最为关键的是取得他们的信任。赢得他人的信任，我觉得其实并不困难。

第一，给予多于索取。

每当我见一个新的联系人，第一反应是：我可以对他有什么帮助，而不是他可以给我什么。如果我的联系人网络中有对他事业有所帮助的人，我一定会毫不犹豫地介绍双方认识；如果我的专业知识对潜在客户有帮助，我为他免费提供建议也在所不惜。慢慢地，我的联系人开始为我介绍客户，我的客户也为我介绍更多对我有帮助的联系人。我的关系网络就这样逐渐扩大。其实人性的本质都是希望互利的，能主动给予的人就能更快收获。一心索取的人其实是自动孤立自己。

第二，了解对方的需求，给出解决方案。

在了解发展客户的艰辛后，我开始有意识地注意什么样的客户服务才是最有效的。我发现很多客户服务和销售经理完全不顾客户的需求而只顾推销自己的产品。这样只会增加客户的厌烦心理，让客户对你敬而远之。由于我的个头小，又是个娃娃脸，当我开始和高端客户尤其是由大陆去美国的客户接触时，他们对我的第一印象是："你不就是个给美国公司打工的小女孩吗？我为什么要把我的辛苦钱托付给你？"我问他们的第一个问题却是："您初到美国，最让您担心和烦恼的是什么？"客人们往往会很惊讶：你怎么好像不是急着要我的钱啊？由于我有了一定的经验，又做了一些调查，其实大家初来乍到洛杉矶，最迫切的需求无非是银行开户、买房、孩子上学、购物、资本安全和投资升值。我知道只有当他们最迫切的问题解决后，才会有精力想投资。所以我主动为每一个潜在客户介绍最适合他们的银行，介绍认识最可靠的房地产中介人，把他们的孩子介绍到当地著名大学、中学、小学，为他们介绍在我关系网中的公司做实习生。由于大家对在洛杉矶买房的兴趣巨大，我便在上班之余花了一年半时间去加州大学洛杉矶分校（UCLA）专修房地产专业，并建立了 UCLA 房地产联合会。这一切都是为了向客户提供更可靠、更全面的建议，并为他们介绍广泛的社会资源。

这样一来二往，我不仅成为许多华人在美国的第一联系人，还和许多家庭成了好朋友。客户在逐渐知道我的留学与工作经历后，主动把我介绍给他们的孩子，希望我能作为他们的榜样，帮助他们找到自己的爱好与特长。

资本集团在全球都低调，从不做广告，所以基本没有人知道这家公司。开始时，这是我开发市场的瓶颈，但在我给客户介绍公司背景后，公司的实力和背景对他们却成为一个意外的惊喜。就这样，我不仅成了他们的投资经理，也成了他们在美国生活的全面顾问。到现在，我的客户们还会在过年过节时为我寄来卡片，甚至请我去家里吃饭，这种满足感是钱财和荣誉都无法衡量的。

第三，说到做到。

美国人常挂在嘴边的一句话是"Do what you say"，用我们中国人的话就是"说到做到"。我对我的商业伙伴承诺的每一件事，不仅要兑现，还要尽量在第一时间兑现。能发邮件解决的就在二十四小时内发出邮件跟进，要开会解决的在一周内兑现会议。这些看似平常的细节，其实是表现一个人职业素养的关键。

第四，耐心坚持，以诚动人。

建立信任是一个漫长的过程，长期建立起来的信任却可以毁于一旦。有很多客户经理对初次见面没有答应合作的潜在客户就再也不闻不问，其实是个短视的选择。即使被他们多次拒绝，我仍然坚持对所有的潜在客户提供各种帮助，第一时间兑现我所做的承诺；大约半年之后，就有曾经拒绝我的客户再次考虑与我合作。

就这样一点一点的积累，我自己一个人从零客户、零关系网，慢慢建立起一个千人关系网，其中包括各类与华人社区相关的从业人员：银行、房地产、教育、投资、保险、购物等等。我逐渐成为一个帮助华人来洛杉矶发展的"专家"，也由此开始建立起自己的客户群。

然而，就在我开发这个新兴市场稍有苗头的时候，大力支持这个项目的高管突然离开了公司，美国各大金融机构在几个月内又加强了对海外资本的管制，理财部的新领导层对华人市场的态度极为保守。这所有的因素在一两个月内同时发生，导致理财部不再重视开发华人市场。他们停止为我提供中文宣传资料，把预算降到最低，减少了对我的各类支持。这不仅极大地削弱了我开发市场的竞争优势，也对我还在建立中的客户群产生了冲击。

辛苦打造的职业规划突遭不可控外力的打击，我一度受挫迷茫，不知前路该怎么走。要放弃自己辛辛苦苦打造的市场，就如要离开自己的孩子一样揪心。而新管理层的保守态度和负面的外力因素，又让我觉得独自坚持下去成功的概率几乎为零。我非常感激资本集团，但是如果在公司内部找不到一个适合自己的职位而勉强留下，岂不是完全违反这几年来反复遵循的原则？

花了一周时间去迈阿密休假调整心态后，我还是回到那两个基本问题：

你最喜欢做什么？

你最擅长的是什么？

即使我必须更换职位，只要我的职业是我喜欢的，能发挥我最优特长的，做什么都行。于是，我开始积极和我所有的职业导师（mentor）联系并寻求帮助。所谓职业导师，就是与你谈得来，看得到你潜力又极有职业经验的前辈。这些导师不是靠公司或学校指派，而是靠个人积极寻找与发展得来的。在职业生涯中，拥有一批和你没有利益冲突、愿意帮助你提携你甚至为你在公司高层面前说话的职业导师，是极其重要的。在我迷茫时，高人们往往会为我指点迷津，拨云开雾。

转向医疗行业：助华人首富用科技造福世界

在我所有的职业导师中，最为神奇的莫过于黄馨祥博士（Dr. Patrick Soon‐Shiong）。他有很多头衔：亿万富翁、实业家、发明家、慈善家，"美国华人首富"、"全球最富有的医生"、美国NBA湖人队的部分股权持有者，《财富》杂志的封面人物。他在十年中成功地建立运营并出售了两家上市生物公司。他正在如火如荼地创立他的第三家公司，旨在用超级计算机、云计算、大数据分析、分子技术，免疫抗癌系统等高科技对医疗健康、生物制药、癌症治疗领域进行一场全面的技术革命。

五年前，我与他机缘巧合地在我给资本集团做项目时认识，一直保持联系。

当我告诉黄馨祥博士我正考虑更换职业的消息后，他马上邀请我到他的集团公司去工作，负责投资策划与市场部，参与调研医疗大数据、精准医疗等与生物科技相关的行业，同时寻找在亚太地区发展的机会。我在资本集团投资组学习的就是如何分析公司，如何观察公司的潜力与公司估值；在理财部则积累了开发华人市场的经验，而这些技能和经历都可以在新的工作中得到发挥。

现在我已在 NantWorks、NantHealth 开始了第二个年头。虽然风险投资、生物制药、健康大数据、精准医疗、癌症治疗等对我而言都是相当陌生的领域，但我的投资分析和独创新兴市场的经历，都让我对现在的工作信心满满。在过去的一年中我对于大健康、基因组学、生物科技的理解有了突飞猛进的增长。这不仅是个收益率极高、市场潜力巨大的行业，也是一个真正造福全人类的行业。每一个新的治疗方案的诞生，每一种新药的出现，对基因的进一步了解，对医疗数据的深入解析，都是人类朝着治愈癌症方向迈进的步伐。我深深地感到，与在投资领域相比，健康行业的收入虽然无法相提并论，但是工作所得到的满足感和成就感是别的行业难以给予的。

目前，我担任公司的全球战略与市场开发总监，负责把美国最先进的医疗理念、技术和服务带到全球各地，在不同国家寻求战略合作伙伴。在这个职位上，我非常幸运地看到世界医疗发展的最前沿，学习基因检测、精准医疗、靶向治疗和免疫癌症治疗的精髓。每当我看到雾霾中的祖国，每当我接到托我在国外找医生的电话，每当我收到询问是否研制出新药因为"时间不多了"的电话，每当我看到中国癌症病患迅速增长的数据，我都不禁黯然心痛，同时使命感也会油然而生。我希望自己能够站在巨人的肩膀上，在人类治愈癌症的道路上尽一份微薄之力。

结语

回首自己的职业生涯，虽然充满了偶然性和不确定性，但是似乎一切又都是相互联系的。上高中时，从不曾想到我会学习德语；念德语时，从不曾想到会去伦敦修经济史；研究生学得天昏地暗时，从不曾想到会去洛杉矶做投资；做投资时，从不曾想到会进入医疗健康行业。然而每一步的前行，都是踏在前一步的脚印上，一步一步走出属于自己的独特的轨迹，去完成上天早就为我设定的使命。也许只有离开曾让你恋恋不舍却无法完全满足的过去，才能全身心地投入实现自我价值的未来。

正如乔布斯所说：

"再次说明的是，你在向前展望的时候不可能将这些片段串联起来；你只能在回顾的时候将点点滴滴串联起来。所以你必须相信这些片段会在你未来的某一天串联起来。你必须要相信某些东西：你的勇气、目的、生命、因缘。因为只有相信这些才会让你更有勇气去追随自己心灵的召唤，即使这会让你走上一条更艰难的道路。"

（Again, you can't connect the dots looking forward; you can only connect them looking backwards. So you have to trust that the dots will somehow connect in your future. You have to trust in something-your gut, destiny, life, karma, whatever. Because believing that the dots will connect down the road will give you the confidence to follow your heart, even when it leads you off the well worn path.）

洛杉矶：寻梦者和创业者的天堂

今年是老牌爵士明星弗兰克·辛纳屈（Frank Sinatra）诞辰一百周年，他的经典歌曲曾以四个美国城市为主题：纽约（*New York New York*），芝加哥（*Chicago*），旧金山（*I left my heart in San Francisco*），洛杉矶（*LA is my lady*）。

在这些城市里，弗兰克·辛纳屈唯独对洛杉矶冠以"lady"（女士）之称，他款款唱道：

洛杉矶是我的女郎，她一直在那里等我。

洛杉矶是我的女郎，她知道怎样照顾我。

没有人比她更甜蜜，你一见到她就会明白我的意思。

(Cause L.A. is my lady, she's always there for me.

L.A. is my lady, she knows how to care for me.

No lady's sweeter– you know it the moment you meet her.)

确实，洛杉矶是一个让你来了就离不开的地方。她终年恒温，充满阳光，有湛蓝的天空、绵延的山川与海岸线；在她的怀抱里处处可见冲浪的帅哥和热舞的美女；她用充满无限可能性的好莱坞吸引着年轻美丽的追梦者；如火如荼的创业圈更是在近年来为她赢得"硅滩"的称号，身为全球娱乐业中心的她也逐渐成为高科技和风投的汇集地。我住过 7 个国家的 15 个城市，曾以为没有一个地方可以让我长留。洛杉矶以其魅力与活力，给投资人和创业者提供的无限机遇，对华人群体的日益重视，最终让我成为她的俘虏。

Chinawood

说到洛杉矶，就一定绕不开好莱坞！好莱坞不仅是美国电影业的代名词，也是全球音乐、电影产业的中心地带。好莱坞之所以会位于洛杉矶，也离不开她的自然环境和独一无二的日照条件。最早是由摄影师寻找外景地时发现的，而后是一些为了逃避专利公司控制的小公司和独立制片商们纷纷涌来，逐渐形成了一个电影中心。由于电影照明设施昂贵而洛杉矶日照时间长，洛杉矶成了电影制片的首选。在第一次世界大战之前以及之后的一段时间内，格里菲斯和卓别林等一些电影大师们为美国电影赢得了世界声誉，华尔街的大财团随之插手电影业。好莱坞电影城由此迅速形成并兴起，电影产业恰恰适应了美国在这一时期的经济飞速发展的需要，电影也进一步纳入经济机制。雄厚的资本，影片产量的增多，保证了美国电影市场在世界上的倾销，也从此奠定了好莱坞在全球电影业的地位。从上个世纪初开始，她就吸引了大批的年轻人来到这里追求明星梦。

国内的朋友问我是否能在洛杉矶碰到好莱坞明星，其实这还真是常有的事情，新开的餐馆酒吧是大咖出没的地带。许多国内的名流也纷纷在洛杉矶买房，所以在比弗利山遇见他们的可能性也大大增加。反而是近年来，美国别的城市纷纷为当地电影制作提供税、场地、人员方面的优惠政策（比如得克萨斯州、俄亥俄州），许多最成功和最有天分的创作人员大有离开好莱坞之势！

2014 年的夏天我有幸参与好莱坞著名演员唐·钱德勒执导的最新力作《勇往直前》。角色虽小，却实在让我激动不已，因为我不仅是唐·钱德勒的粉丝，也是电影主角爵士乐泰斗迈尔斯·戴维斯（Miles Davis）的乐迷。唯一让我哭笑不得的是，虽然这部电影讲述的是迈尔斯·戴维斯在洛杉矶生活的那段经历，而唐·钱德勒平时也住在洛杉矶，但实际拍摄地点却在俄亥俄州的辛辛那提市。我出演的那一场讲述的是迈尔斯在好莱坞的一个爵士酒吧里为他未来的妻子动情演奏。明明好莱坞当年的那个酒吧还存在着，剧组却决定在辛辛那提市中心的一个酒吧取景，这一切都是为了得到当地 20% 的税收优惠，以及比洛杉矶廉价许多的劳动力成本。

虽然好莱坞在全球电影业的地位是难以动摇的，但今后的好莱坞是否还能重温顶峰时期的辉煌却要打上一个问号。而这个问题的答案，在一定程度上取决于中国电影市场的发展以及中国在好莱坞的投资力度。许多好莱坞大片在中国的票房几乎超出在美国的票房，加上万达、阿里、华艺等中国公司近年纷纷来好莱坞寻找合作机会，中国成了好莱坞大佬们最关心的话题，甚至把"中国"和"好莱坞"两个词合并创造了一个新词："Chinawood"。由于近几年来，来自大陆的移民和资本、投资人、基金快速上升，中国所代表的机遇和资本都成为洛杉矶房地产界、教育界、娱乐界、投资界和政界的热点。

中国人在洛杉矶

由于和亚洲离得近，美国西岸一直是亚洲移民去美国的首选，而洛杉矶和旧金山又是移民在西岸的首选。旧金山的华裔在历史上大多以中国广州附近说粤语的群体为主，而洛杉矶的亚洲移民则要丰富许多。基于地理位置的因素，洛杉矶的移民最多来自墨西哥，紧随其后的就属来自亚洲的。"二战"后有一小部分日本移民来到了洛杉矶东部的蒙特利（Monterey Park）／圣盖博（San Gabriel）地区，20世纪60年代后这一带很快也成为来自台湾的移民的聚居地。近几年来，随着中国大陆经济的发展，中美之间的联系越来越紧密，越来越多来自大陆的移民在圣盖博地区定居。如今，大洛杉矶西起帕萨迪纳（Pasadena），东至齐诺岗（Chino Hill），南至橘郡（orange county）的一大片地区都成了华人的聚居地。开车进入圣盖博区，几乎和走在国内没有区别：处处林立拥有各种亚洲用品的亚洲超市（如最知名的大华超市）；各地风味的餐馆包括国内知名品牌小肥羊、九头鸟、海底捞、鼎泰丰等都纷纷进驻洛杉矶；更不乏专门为华人服务的银行、保险、旅游公司。由于生活配套设施日益完善，洛杉矶成了大陆移民来到美国的首选，是全美国华人最多的城市。

洛杉矶吸引移民，无外乎以下几点优势：

1. 生活环境好。空气好，天气好，食品安全。总而言之：住得舒心，吃得放心。加上洛杉矶有庞大的华人社区和齐全的配套服务设施，所以来此生活并没有太大的文化冲突或不适应。

2. 教育资源好。加州的教育系统是许多华人钟情加州的重要因素。在美国上学，除了昂贵的私立学校之外，学校的好坏由"学区"决定。所以在一个高质量学区附近买房是许多华人来洛杉矶的首要任务。洛杉矶不乏质量高的大学：

南加州大学（University of Southern California）具有实力雄厚的中国学生组织，是在中国之外全球华人学生占比最高的大学。

加州大学洛杉矶分校（UCLA）：加州大学体系中除了伯克利分校外最好的学校，也是南加州大学的"近敌"。中国学生同样占比高。最大的好处是：学生可以比较方便地在加州大学的体系中流动。

加州理工大学（传说中的Caltech）：在近年的世界大学排名中，加州理工名列世界第一，甚至在哈佛和麻省理工之前！这所大学是名副其实的科学家摇篮，全世界最聪明的理科奇才、鬼才的聚集地。他们采用典型的精英培训模式，一年只招收2000人（是麻省理工学院的1/10），却已经诞生了34位诺贝尔奖获奖者，就诺奖获奖者与师生人数之比而言，它是全世界诺奖获奖者比例最高的大学。"中国导弹之父"钱学森就是这里的早期毕业生。加州理工的代名词就是"压力"，这里一年平均淘汰率达20%，能够"成活"的都经过魔鬼般的历练，但正是这样的经历为毕业生创业、就业造就了一枚金色的敲门砖。我和这个学校有着不解之缘：我住在学校对面，天天去校园里跑步游泳看书；作为一个对自然科学一窍不通的文科生，我的朋友中却有一半来自加州理工大学。主要原因是我们互相崇拜：我觉得他们是绝顶聪明的天才——他们之间的对话我即使装懂都很困难，他们则需要我帮助他们社交：谈话，与人沟通，甚至约会。果然是天生我材必有用。

3. 全球资本配置与投资聚集于此。基于我在资本集团给高净值华裔投资人做投资管理时的经验，我认为，对于国内希望布局全球的投资人而言，比起国内动荡的股市、天价的楼市、颇为昂贵的风投市场，投资美国成熟的资本市场、洛杉矶相对高质低价的地产、好莱坞的电影，以及"硅谷"和"硅滩"的初创公司都是相对低风险、低成本、高收益的选择。现在越来越多的投资人看到了这些机会，不仅洛杉矶东部华人聚集地的房子被一抢而空，洛杉矶的商业地产、"硅滩"的初创公司，也被越来越多的中国机构投资人关注。

4. 医疗水平领先和体系完善。美国的医疗体系和技术，尤其是对大病和癌症的治疗，是当之无愧地领先于世界的。美国几大知名医院都位于洛杉矶，Cedar Sinal（大型综合医院）、Kaiser-Permanente（大型综合医院）、City of Hope（癌症肿瘤医院）。随着国内污染日益严重，来美国看病的需求也愈来愈大。现在常有国内的朋友托我在美国找专家，介绍最先进的治疗技术。许多朋友也拜托我在美国买私人健康保险，以备不时之需。

和十几年前来到美国寻梦、身家单薄的华人不同，如今来到这里的中国人与中国企业，大多在国内已经有一番成功的事业。他们带着雄厚的资本、商业合作计划、中国市场的机遇和摆在桌面上的生意来到洛杉矶寻找自己的第二个"中国梦"。以绿地为代表的国内房地产大鳄在洛杉矶成立分部甚至海外总部，以寻找合适的地区开发楼盘。BAT 的投资部和各种风投基金也早在"硅谷""硅滩"设立常驻机构，以寻找下一个 Facebook。另外一个特别吸引中国人投资的自然是好莱坞以及娱乐文艺圈的相关机会：万达、阿里纷纷进驻洛杉矶寻找下一个好莱坞的"泰囧"。

这个新兴群体的到来对洛杉矶的各个方面都开始产生巨大的影响，成为洛城里不可或缺的一部分。华人聚集的学区设有中文学校，比弗利山的高档商城专设华语服务，各大理财金融机构与房地产商特设"China desk"（中国小组），专为华人服务。各种华人商会、同乡会、职业组织也与日俱增。其中影响最大的还属以华人精英组织为主的"百人会"，其成员包括马友友、杨致远、李开复等两岸三地名人，旨在促进中美之间的相互了解和政治、经济、文化间的交流。我有幸加入"百人会"的"培养中美年轻领袖的良师益友计划"。因此，许多洛杉矶"百人会"成员都成为我的导师和榜样，例如杨燕子（联结好莱坞与中国电影的第一人）、郭志明（任职于美国亚太法律中心，华人在美维权领袖）、江俊辉（加州财务长）。我身边有一群极度活跃的华人朋友，大家年龄相仿，来美国都有一些年头。我们或在美国公司负责开发亚洲市场，或在"硅谷""硅滩"打拼创业，通过工作渠道和社交关系，经常与洛杉矶政界、商界、学界、投资界的各路人员打交道。作为一群八〇后的"有志青年"，我们也建立了一个非营利性平台，运用各自在国内与美国的关系网，致力于联结中美高端资源。

洛杉矶的创业圈——"硅滩"

最后要提一提洛杉矶如火如荼的创业圈。

长期以来，美国经济的"支柱金三角"是华尔街的金融、"硅谷"的科技创业，与洛杉矶的电影娱乐。近年来，随着科技对生活的重要性日益凸显，"硅谷"的重要性也日益彰显。美国甚至世界各国主要城市都尝试着复制"硅谷"的创业模式，于是出现了纽约的"硅巷"（Silicon Street）、芝加哥的"硅原"（Silicon Prairie）和洛杉矶的"硅滩"（Silicon Beach）。

从圣塔莫尼卡（Santa Monica）经威尼斯（Venice），再延伸至普拉亚德雷（Playa del Rey）的洛杉矶西区，不仅吸引谷歌、微软、雅虎等科技巨擘相继进驻，同时也汇聚了近1000家创业公司。由于大部分创业公司就在海滩附近，这里又被形象地称为"硅滩"。"硅滩"与周边的Culver City、South Bay、西好莱坞地区一道构成了大洛杉矶的创业投资生态圈。和"硅谷"相比，"硅滩"不算大，然而聚集的公司多、密度高，所以这个创投生态圈里的活跃人士互相联系很紧密。我所在的公司就在"硅滩"的中心地带，常常一通电话就能约上好些创业公司CEO和风险投资人。频繁的创业活动和创业大赛也为"硅滩"提供了良好的展示与互动平台。

除了对个性的张扬和包容，"硅滩"的形成主要得益于以下几点因素：

1.气候好。之所以叫作"硅滩"而不是"硅谷"，是因为洛杉矶创业圈的中心确实在海边。"硅谷"的人力、土地、生活成本随着公司估值的提升而日益上升，而洛杉矶的蓝天碧海、俊男美女每年吸引着大量科技从业者相继南迁。怪不得一年一度的"硅滩创业节"的压轴戏就是投资人、孵化器创业者一起去海边冲浪，彰显了与"硅谷"科技宅男深居简出、打电子游戏截然不同的生活方式。

2.学校给力。刚才介绍过洛杉矶名校加州理工大学、南加州大学、加州大学洛杉矶分校，这些顶尖学校每年都为"硅滩"源源不断地输送优质的工程师和设计师。

3.孵化器、加速器、联合办公室聚焦于此。洛杉矶还默默地聚集了一批孵化器与加速器，包括美国最古老的孵化器 IdeaLab（其孵化出的 Overture 公司为 Google 的商业模式立下榜样），Launchpad LA, Amplify LA, Mucker Lab 等。我的好朋友所创立的 CrossCampus 是美国西岸成长最快的联合工作室，目标是赶超美国最大的联合办公室 Wework，就连美国总统奥巴马也在今年莅临 CrossCampus 体验"硅滩"的创新能量。虽然这些组织在国内的名声还远不如"硅谷"的 Y Combinator，但是他们对于创业公司的辅导和融资作用不容忽视，是构成创业生态体系的重要组成部分。

4.风投也疯狂。风投和初创公司相辅相成，是鸡与蛋的关系，两者都缺不了对方。洛杉矶本地著名的风投公司包括 Upfront Venture, Greycroft Partner, March Capital, Crosscut Venture；著名的天使投资组织有 Pasadena Angel, Techcoast Angel 等。随着南加州初创公司的成长，不仅大小不一的基金和个体投资人日益增加，就连硅谷的投资人也开始到洛杉矶寻找标的公司。

作为全世界的娱乐影视中心，洛杉矶的技术以文化创新、娱乐体育、3D、拓展实境、游戏和影视创新为主，和洛杉矶的主体经济相得益彰。洛杉矶的另外一个优势产业是生物科技、医药与大健康。全球生物科技医药巨人安进（Amgen）总部就在洛杉矶，离"硅滩"也不过 20 分钟车程。

我的公司位于"硅滩"中心，旗下一系列公司专注于抗癌生物制药研究，重点发展健康大数据、癌症治疗、精准医疗、全基因组和蛋白组测序等等。位于"硅滩"的知名生化药业还有全美领先的靶向及免疫抗癌药物研发公司 Puma Pharmaceutical 和 Kite Pharmaceutical。近年来，加州政府、洛杉矶市政府对于这个行业给予大力支持，希望打造以洛杉矶为基地、联结美国两大生物科技中心——北加州的旧金山和南加州的圣地亚哥——的生物科技创业联合体。

结语

宜人的气候、健康的生活方式、活跃的创投圈、五光十色的好莱坞，我就这么心甘情愿地爱上了这个寻梦者和创业者的天堂。随着近年来华人社区的壮大，华人来洛杉矶投资创业的热情猛增，洛杉矶也越来越重视这个群体及其带来的机会。我所在的公司希望拓展亚太市场，许多我身边的公司也非常愿意来中国发展与融资。CrossCampus 的下一个目标就是把联合办公室开到中国，就连我在加州政府负责筹建生物科技联合体的朋友也频繁地问起如何让健康领域的企业进驻中国。

身为公司的全球战略总监，我频繁地奔走于洛杉矶、"硅谷"、北京、上海和香港等地，每天都会接触到或听闻中国公司并购、投资美国公司，或是美国公司到中国发展的计划。这让我更清楚地认识到：这个世界未来的走向在很大程度上取决于中美之间合作的力度，合作的方向，合作的范围，合作的节奏，合作的方式。虽然我只是这个大海中的一滴小水珠，但如果能在推进时代的大潮中推波助澜，也不枉做一朵海浪中的小浪花。而洛杉矶，正给我提供了一个弄潮的最佳平台。

第五章　女人的难题：
事业还是家庭

妈妈　不富养的富女

当我看了无数人的不同生活，了解了无数富人的生活状态后，我对马斯洛的需求层次论有了更深的体会——如果仅仅停留在物质层面，那是最基本、最低层次的要求。一个没有眼界、没有体验、没有经历的人生是贫乏干瘪的。女孩子如果从小娇生惯养，穿金戴银，把钱大把地花在整理外表上，只会让自己活在虚荣心里，活在毫无价值、转瞬即逝的他人"艳美"的目光中。——雯雯

新浪微博曾就"你是否赞成女儿一定要'富养'"的话题展开过调查，参加讨论的人很多。

说实话，看到这个题目时我几乎不用考虑答案就出来了：不赞成！而且我以为持否定答案的人一定占多数。但当我看到调查结果时，颇有些意外：赞成的50%，反对的50%，也就是说双方各占一半。

"富养"的概念是什么？

据《武汉晨报》报道，武汉八○后父亲万先生把"女要富养"做到了极致。春节7天长假，他给4岁的女儿买名牌服装、买

iPad，带着妻女赴海南旅游。7 天下来，共花掉 3 万元。但他认为很值得，"女儿一定要富养，全给她最好的，长大才不会吃亏"。

按万先生"全给她最好的，长大才不会吃亏"的标准，回忆抚养女儿的经历，我们不但没有富养女儿，还偏近于"穷养"。

雯雯上小学前，大部分的衣服尤其是毛衣、棉衣之类的，是接我姐姐孩子的旧衣服，而且是个男孩。模糊记得买过一双耐克的运动鞋。除此之外，雯雯从小到大没穿过一件名牌衣服。

雯雯 15 岁前，最奢侈的用品是一架雅马哈电子琴，那是花 2000 多元在免税店买的。

从 2 岁开始，雯雯就跟着爸爸坐一辆自行车风里来雨里去，每天颠簸近 2 个小时上幼儿园和小学，读中学时自己骑着一辆女式自行车来回奔波。

有一段时间，雯雯和她爸爸在学校租的房子里生活，一日三餐都是她爸爸凑合着做饭，开水里一把白菜，放几块我从单位食堂买的鱼块，一两个菜就是一顿饭。房里只有几件旧家具，不严实的窗缝里，风儿呼呼地响。虽然简单到不能再简单，但是雯雯说，那段日子是她最美好的时光——温馨的家、让人心静的环境、对未来生活的憧憬。

雯雯的中考成绩可以让她选读武汉市任何一所省重点高中。考虑到雯雯的初中是在大学附中就读的，老师的孩子占了多数，环境相对单纯单一，为了让雯雯广泛接触社会的不同群体，我们特意选中汉口的一所重点高中。虽然雯雯要从武昌过长江去上学，路更远了，起得更早了，但在那所高中里，雯雯结识了许多家境贫寒却奋发有为的孩子，他们的吃苦耐劳、豪爽耿直、善良厚道等优秀品质深深地影响了雯雯。

如果按网友"'富'在气质、品位、修养的培养，而不是物质的挥霍无度"的标准，我们似乎又在"富养"女儿。

雯雯上大学前，差不多每年的暑假，我们都会带着她走南闯北四处旅游，从哈尔滨到海南岛，从九寨沟到玉龙雪山，从鼓浪屿到北戴河，从大连到张家界，从北京故宫到湖北农村田野，边看边玩边体验。

我们也不会放过在武汉举办的高水准的钢琴、芭蕾、交响乐等演出。还有，最不吝啬的就是买书，我们家最多的财产就是书了。

中考结束那年，为奖励雯雯的刻苦学习和优秀成绩，我们花1.8万元给她买了一架典雅、古朴的钢琴，圆了她从小就想有一架钢琴的梦想。虽然上高二后再也挤不出时间练习，而后雯雯上大学又离开了家，那架钢琴从此就静静地待在客厅一角，但是雯雯的艺术熏陶从她出生到现在一直没有停止过。

雯雯16岁上高一那年，学校推荐雯雯和几个成绩优秀的高年级同学到英国曼彻斯特做交流学生，我们毫不犹豫地全力支持（费用1.2万元）。这是雯雯第一次去看外面的世界。短短的半个月里，雯雯的英语得到飞跃式的提高；从英国回来后，学校组织报告会，雯雯从头至尾用英语谈了一个小时的感受，还写了《可爱的"英国佬"》发表在报刊上。

雯雯大二时，到德国杜塞尔多夫参加一个德语高级语言学习班，一个月的课程她提前半个月学完了，随后，独自背着包游走了德国的柏林、海德堡、科隆、慕尼黑和法国、比利时、卢森堡、荷兰等国家。在欧洲一个月的学费和在五个国家的游历费用，我记得一共给了雯雯2万元。正是第二次出国，让雯雯明确了自己的人生发展方向。

这大概是我们能想到的最大的几笔开销。再就是雯雯学龄前参加过为数不多的几个兴趣班，上学后很少参加培优班、提高班之类的。正是由于我们宽松的家庭教育氛围，雯雯才在应试教育的夹缝里吸收到了多一点的阳光和自由。

我们这个家庭虽然谈不上高收入，但按雯雯的话说："父母总是让我可以衣食无忧地向着我任何一个梦想起飞。"

我们没有"富养"女儿，却有一个"富有"的孩子。

大学毕业后，雯雯没有再用家里一分钱。她获得的由欧盟提供的全额奖学金不但让她以全优的成绩获得了伦敦政治经济学院和维也纳大学的双硕士文凭，还游历了希腊、意大利、瑞士等国，除此之外，这笔钱让她经济上略有盈余。

雯雯还是个比较勤俭的孩子。在北外读书时，她用一个小本本记下自己每天的花销，大到缴一笔学费，小到买一块肥皂。出外很少坐出租车，从不乱买化妆品和衣服。

参加工作后，雯雯用自己的收入学芭蕾、跆拳道、登山、潜水、水上滑板，每天工作再忙也会到健身馆锻炼。她积攒了好多张音乐CD，最喜欢巴赫和爵士乐，还拜爵士乐乐师学唱爵士，而且唱得像模像样，老师夸她有天赋。每到一个国家和城市去得最多的是博物馆、美术馆、音乐会。她还经常举办欢乐有趣味的聚会，每年休假，雯雯都会去不同的国家旅游。

午夜 12 点多钟，雯雯从东京打来电话，我就"富养"这个话题问她有什么想法，没想到，雯雯的话匣子被打开，我们母女俩谈了一个多小时，越谈越深。

雯雯说："有钱是个好事，要看怎么花。当我看了无数人的不同生活，了解了无数富人的生活状态后，我对马斯洛的需求层次论有了更深的体会，如果仅仅停留在物质层面，那是最基本、最低层次的要求。一个没有眼界、没有体验、没有经历的人生是贫乏干瘪的，一个整天挎着 LV 包、戴着 Tiffany 钻戒、打扮得无比精致而大脑空空没有内涵的女人，即便能一时获得男人的眼球，但最终会被男人、被这个社会、被这个时代抛弃。"

雯雯说，体验、经验生活，挑战生命，给自己快乐亦送他人快乐，这是真正有钱人深谙的正道。

"爱孩子是人类的本能，一旦被赋予了教育的因素，就变得不那么简单了。只凭父母对孩子的满腔热爱是远远不够的。许多深陷误区的中国父母，正在送给孩子最可怕的礼物。"这段话是犹太亿万富翁母亲沙拉的感慨，也许可以让我们深思。

虽然我们没有"富养"孩子，却培养了孩子自食其力、独闯世界的能力，让她靠着自己不懈的努力过上了有尊严、有内涵的体面生活。

女儿　我是"剩女"我光荣

> 我今年跨越了女人最不舍的年龄——30，仍然单身——不仅是个合格的"剩女"，还属于大龄"剩女"。虽然身在美国，我没有和国内的"剩女"同胞们承受同样的压力，但"剩女"仍然是个我必须涉及的话题，因为它让我困惑、忧伤、无奈、沮丧。

"剩女"的盛行

"剩女"是一个在我出国之后才广为流行的词。刚出国那会儿，所有亲戚朋友都为我的独立爱闯荡而自豪骄傲，我压根儿没想过结婚生子会在几年后变成巨大的压力。但是，在我25岁之后，他们的态度开始有了转变。回国时他们不再关心我在世界各地的旅行见闻，也无所谓我在华尔街的工作经历，见面便问："有对象了吗？"开始似乎还挺不好意思的，觉得这是他们的分外之事。随着我的年龄越来越大，而每次回国都是孤家寡人，亲戚朋友闺蜜知己一致开始用怜悯加可惜的眼光打量我，并纷纷语重心长地对我进行开导。他们的语气和内容大同小异，总结如下：

"一个女孩子老是一个人在国外漂泊也不是长久之计。你也老大不小的了,年轻时东奔西跑还可以,现在还是赶紧找个人定下来吧。不然,我来给你介绍?还是找咱中国人实在,老外不靠谱,文化差异也大。"

我知道他们都爱我,都为我着想,可是他们说的每一句都让我纳闷。首先,我从没觉得我是"一个人在国外漂泊":我住在一个美丽、阳光明媚的城市,有许多相投的朋友,做一份有趣的工作,在中美科技的前沿寻找机遇和投资;周末去爬山、打沙滩排球,没事去现场看湖人队比赛。不好意思让你们失望了,但是我爱我"海外漂泊"的生活。其次,我也没觉得我"老大不小",我刚满而立之年,感觉自己还"年轻",还想"东奔西跑"。如果环游世界算"东奔西跑",那么"东奔西跑"就是我的人生目标,越大就越要跑。另外,"赶紧找个人定下来吧",不是我赶紧找就能定下来的。寻找人生伴侣和找工作不一样,不是拼命发简历、面试无数就能在接下来的三个月内找到最适合的职位。首先你必须了解自己,知道自己要什么样的生活,才能知道什么类型的人适合自己,和自己的人生目标相符。在我们二十多岁时,我们的人生观世界观都还在成形期,我们还在找寻自己到底是谁和自己在这个世界的位置。当你连自己都没有找到时,何谈找到自己的另一半?最后,爱情不需要签证(当然很多人通过爱情也拿到了签证),国籍和年龄都不重要,关键是人生阅历和目标相符,相处融洽,互相包容和支持。我的许多"剩女"朋友没有找到合适又"实在的中国男人",而是直接在美帝找到了"靠谱的老外"。

有着如此充分的理由,开始我还和他们争论,尝试对他们宣传我的以上人生理论。但越争辩，他们看我的眼光就越充满怜悯，还加上了"恨铁不成钢"的成分。我这才明白，"剩女"是一个社会现象，几亿人的思维定式不是我一个人可以改变的。

百度曰："剩女，教育部 2007 年 8 月公布的 171 个汉语新词之一（居然已经被列为新词），是指已经过了社会一般所认为的适婚年龄，但是仍然未结婚的女性，广义上是指 27 岁或以上的单身女性，尤其是指有一定经济基础的一群人，常见于发达国家及发展中国家都市化程度较高的地区；很多拥有高学历、高收入和出众的长相，但也有很多自身条件较差。多数剩女择偶要求比较高，导致在婚姻上得不到理想归宿，而变成大龄未婚女青年。"接下来的词条都是介绍"如何摆脱剩女身份"的策略。

在美国做"剩女"

"剩女"在中国的广泛应用在海外也有了响应。"剩女"被翻译成"Left-over ladies""Left-over women"，甚至拼音"Sheng nü"作为新词条被维基百科收录。在美国和朋友讨论"剩女"现象，发现其实美国也有"剩女"，且是有美国特色的"剩女"。

在美国，27–35 岁是结婚的黄金年龄，实际上具体时间也因州而定。在美国的中部一些较为保守的州，平均结婚年龄大概只有二十五六岁。过了这个年龄还单身的妹子也会有社会压力，她们的对策是搬到东西两岸经济发达思想开放的城市，比如洛杉矶、纽约、旧金山，在这些地方人们的生活方式更个体化和多样化，社会模式对个体的制约相对较小。以洛杉矶为例，35–40 岁才结婚是正常的，一辈子单身的"男神""女神"也不新鲜。只有一件事会让过了30岁的单身女性担心：不是找不到完美的另一半，不是父母老师朋友战友施加压力，而是错过了最佳生育年龄！对她们而言，如果想要孩子，结婚是次要的，什么时候结，甚至结不结都无所谓，不要成为"高龄产妇"让孩子和自己承受不必要的风险才是关键。

在洛杉矶这样的城市，在什么年龄做什么事，旁人观点、家庭责任等等都不重要。可是即使科技再发达，思想再前卫，生理年龄是谁也难以违背的自然规律。我的女性朋友们大多有良好的教育背景，实际且理性。在做过了大量的调研后，她们一致得出结论说：35岁以前生孩子是最佳选择，过了35岁风险会增加很多。于是这些聪慧独立的女性们一致选择用科学解决问题——冻结卵子！这样既保证了卵子的质量，也解除了在特定年龄之前必须找到 Mr. Right 结婚生子的压力。冻结卵子从几年前的新鲜事物，发展到现在几乎成了高龄高学历高收入单身女性的常见选择。不乏20岁出头的，或已经有固定男友但还不想要孩子的女性选择去冻结卵子的。

需要声明的是：冻结卵子的成本不菲，技术含量高，且需要社会大环境的包容和理解。美国"剩女"的解决之道似乎与中国的国情大相径庭。

闪婚：一个真实的故事

和美国的"剩女"比较，中国"剩女"就没有那么幸运了。即便事业成功经济独立，过了社会公认的结婚年龄而仍然是单身，便成了女性莫大的失败。迫于大环境和家人的压力，"剩女"们往往开始问自己："我到底是怎么了，是我自己哪里不对吗，为什么如此可怜没人要？"

我在国内的一位好友，比我稍大，集美貌贤惠温柔于一身。研究生毕业、工作稳定，可就是找不到合适的伴侣。她自己焦急，她父母更急，从外省搬到北京和她住在一起，说一直住到她嫁出去为止。在无数次相亲后，她终于找到了一个门当户对，同样工作稳定的候选人，于是认识不到半年便结婚了。听到这个消息我为她高兴祝福的同时，也隐隐地担心他们是否真正了解对方。半年后我回国见到好友，她身形憔悴红着眼告诉我，他们离婚了！性格的不和、价值观的相左、生活习惯的冲突在结婚后马上浮出水面，还在度蜜月时就矛盾丛生。我在为好友难过的同时却并不惊讶。

最近在朋友圈里常常看到某某某又闪婚了……我们从小就学习"路遥知马力，日久见人心""实践是检验真理的唯一标准"，这些道理在恋爱婚姻的大事上绝对适用。在美国，一般从恋爱到结婚的过程是三年。一年恋爱，一年同居，再订婚一年。在三年的过程中，从热恋期只为对方展示最完美的自己，到同居时一起做饭付水电费，打嗝放屁，各种生活的细节，自己和对方的毛病都无处可逃。仔细想想，父母会先我们而去，孩子会在成年后离开我们，唯独另一半陪我们走完一生，所以寻找正确的伴侣，应该是人生最重大的决定。不仅要花时间了解对方和各自的家庭，我认为婚前同居如同买车前的试驾，是做决定前必经的过程。我们买房买车都会经过一年半载的深思熟虑，更别说在人生最重大的问题上！让人难过的是，大多数的闪婚都是由社会压力所迫造成的，而大多数的结果就是闪婚闪离。我爸妈虽然从来没有催过我，但我知道如果身在国内，我和他们都会承受不了社会准则的压力，我也早已结婚生子，说不定已经离婚了呢！

在历经几个月烦琐的离婚手续和同事的异样眼光后，好友终于走出了那段阴影。这次她决定绝不再为结婚而结婚，她的父母也终于体会到自己的压力给女儿带来的后果，自觉地搬出她家。这也许是这段婚姻给她带来的唯一的好处。可是即使少了父母的逼婚，大环境还是压力重重。好友给自己放了几个月的"单身"假，又开始了相亲的漫漫长路。我也只能轻轻地说声："祝你幸福！"

有中国特色的"剩女主义"

马克思说："人是最名副其实的社会动物，不仅是一种合群的动物，而且是只有在社会中才能独立的动物。"当个体和群体的期许不符时，个体会反省自责，而难以去怀疑是不是社会的准则出了问题。

美国是由欧洲异教徒、罪犯和流放者建立的社会，尊重个体和张扬个性是民族文化的基石。所以只要不做违法和损人的事情，形形色色的生活方式都会得到接受。然而中国向来是一个同质化的社会，中庸之道讲究的是随大溜、和主流保持一致；枪打出头鸟，说的是社会对特立独行者的惩罚。在同质化的中国社会里，符合主流，按部就班，在什么年龄做什么事情，用社会的准则安排个体的人生就尤为重要。于是在社会预期的结婚年龄还单身的妹子们便成了社会的异类。

然而同样的社会环境，为什么"剩女"自惭形秽，却没人担心"剩男"呢？中国人口结构失调，男性数量远远超过女性，要担心的理应是他们而不是她们啊！问题在于，依照传统的社会性别角色观，男人的价值在于地位、权力和财富。他们会随着权力财富的积累和社会地位的攀升而升值。而女人的价值在于容貌和生育能力，她们会随着岁月流逝，颜值打折、生育能力下降而贬值。即使在现代社会女性完全实现经济独立的情况下，只要社会观念不变，就依然男人如酒，越老越醇，女人似花，"花开堪折直须折"，时间成为女人最大的敌人。在过去的十年里，中国社会的方方面面都发生了极大的变化和进步，唯独在性别角色观上似乎反而有了倒退。毛爷爷的时代，"妇女能顶半边天"，女性的社会地位大大提升了。而近年来"女德班"的兴起、"三从四德"的再次提出都让人匪夷所思，难道我们要重回封建礼教？

我相信"剩女"不会是永久的问题，却是中国社会由同质化向个体化，由传统到更新转变过程中的阵痛。让人难过也无奈的是，为这个社会的阵痛埋单的却是一代甚至几代中国女性的幸福！

因为爱情：请不以结婚为目的地恋爱吧

既然"剩女"和婚姻有关，婚姻和爱情有关（至少希望如此），那么就让我们谈谈爱情吧。难忘《欲望都市》（*Sex and the City*）里的经典一幕：女主角凯丽在一个酒吧里和一个水手对话。

凯丽：How many great love one could have in life？（一人一生中会经历几次伟大的爱情？）

水手：Once, if you are lucky.（一次，如果你幸运的话。）

真爱是人生最美好的经历，也是过了某个年龄也许就不会再有的经历。两个不同的个体被对方吸引，从相识相知走到相恋相爱。

如果这样的感情可以维持，两人共同在人生的路上走到尽头，这就是人生莫大的幸运。即使走不到婚姻的殿堂，短暂却强烈的碰撞产生的力量和光芒也可以照亮前行的道路。

高三时我无可救药地爱上了一个隔壁班的男孩。一起走过了高三的涅槃，结果是我要去北京而他留在了武汉。顶着父母的一万个反对，我们坚持了四年的异地恋情。四年的记忆充满了温馨难忘的场景：午夜雪地里的公用电话，暑假里烈日下的拥抱，每周雷打不动的书信，电话里一起低吟浅唱的情歌。那时的爱情，是到了世界尽头也不会放手的依恋，是非你不嫁非我不娶的决心。只可惜终成眷属的恋情都一样，而分手的感情却是各有各的故事，我们的问题从一开始就是距离。大学毕业后，我去欧洲留学，到后来去美国工作，我们的邮件从一天一封到一周一封到几周不联系，电话打着打着也是各自在彼此的世界里沉默。倔强的爱情到底扛不过太平洋和时差的阻隔，最终走到尽头的不是世界，而是我们。对于一度痛彻心扉的分离，几万封邮件，几千张电话卡，几百个不眠之夜的思念，七年的青春年华，我却从来没有后悔过。因为这段经历让我明白什么是刻骨铭心的感情，让我知道什么是爱情的滋味。

刘嫄嫄在《请不以结婚为目的地恋爱》的演讲里说："那些考虑好了各种条件去结婚，到结婚的时候发现没有一点关于爱的回忆，爱情好像从来没有发生过，我觉得那些人才可悲。"

他们确实可悲，但却更加可怜。我想我们每个人都曾不顾一切地爱过。只是长大以后不知从什么时候开始，爱情和婚姻成了两个不同的话题。在这个浮躁的社会里，我们每天不仅要为房子车子票子和未来的孩子计划，还要与上涨的物价和下跌的股价周旋，也难怪会放弃浪漫率性同桌的你，而选择收入稳定中庸的他；也难怪会忘记了纯纯的爱情滋味，失去了倾其所有去爱的能力。不是不想爱，而是社会逼着我们现实，爱情是青春的奢侈，结婚生子才是人生正道。

社会压力所在，我也只能对所有为现实所累却依然相信爱情的小伙伴们说：没有爱情的婚姻其实也可以长久，但长久的婚姻不代表长久的幸福。所以至少在我们还不算太老的时候，请不以结婚为目的地自由自在地不顾一切地去谈一场刻骨铭心的恋爱吧，即使没有一生一世的爱情，至少让我们有一生一次的爱情。

结婚也疯狂

每一个童话都以"他们从此过上了幸福的生活"而告终，没说的是幸福生活又能持续多久。当我们经过或是轰轰烈烈的恋情，或是几百次失败的相亲，找到了另一半走进婚姻的殿堂，感觉也许可以"从此过上了幸福的生活"，殊不知那是一个新的漫长旅程的开始。

虽然从小就目睹许多身边家庭的纷争，但受中国传统文化的熏陶，我认为结婚生子是人生天经地义的必经历程。我大学毕业后去了维也纳，和当地一对夫妇成了忘年交，每周都会去他们的家庭聚会。女主人是画家，专门为童话做插图，在奥地利小有名气。她是典型的艺术家，热情奔放，每次都是聚会的中心。男主人是医生，温文尔雅不多话，默默地准备酒菜招待大家，然后手搭在她的肩膀上，温情脉脉地看着她谈天说地。他们有两个孩子，女儿像她，儿子像他，一个上了高中，一个准备上大学。每次到他们家都能感到浓浓的爱，这大概是我见过最和谐的家庭。一次和女主人聊天时我问道："你们结婚多久了？难得感情还这么好！"她淡淡一笑："我们并没有结婚。"看着我惊愕的表情，她补充道："如果两人相爱，就不需要外界的承认。如果两人在一起不再快乐，那么就痛快地分手。为什么需要结婚这道多余的程序呢？我们在一起 20 多年了，比许多在婚姻里的家庭都幸福。"

那一刻，我仿佛对婚姻和爱情有了另外一种态度，因为从来就没听过对于爱情和婚姻如此的见解。后来发现德语里有个单词叫作"Lebensgemeinschaft"，即生活共同体，指的是两个或多个个体一起生活，可以是婚姻的形式，也可以是非婚姻形式（Nicht-eheliche Lebensgemeinschaft）。在法国，"非婚姻生活共同体"在税收、选举等方面都享有和婚姻家庭同样的权利。现在来到了美国，尤其在洛杉矶这个以倡导自由与个人主义著称的城市，我第一次听说了"开放式婚姻"（open marriage）：夫妻双方都同意对方是自己的法定伴侣，需要履行夫妻的责任，譬如共同账户、纳税、照顾对方，但双方也同意彼此可以寻找别的伴侣。而何谓"别的伴侣"以及"界限"何在就需要夫妻双方共同界定：有的开放式婚姻允许和他人有性关系，有的开放婚姻则只许调情约会。当然不是所有人都可以接受这样的婚姻，我的一个好朋友在经历了十年开放式婚姻后陷入了极度忧郁，最后宣布离婚。

这些概念并不是解决"家里红旗不倒，外面彩旗飘飘"的方法，也不是把"小三"法制化的过程。我的理解是：过去几百年来，婚姻是个社会契约，因此有社会公认的行为和伦理准则，譬如一夫一妻，譬如从一而终。然而随着经济的发展和对个体价值的日益崇尚，婚姻在某些社会逐步由社会契约转变为个体契约。只要婚姻双方都同意某种行为准则是他们的婚姻准则，在不违法或伤害他人的前提下，社会就对个体的选择表示尊重和宽容。不管是生活共同体还是开放式婚姻，即使在西方社会也属于非主流的前卫观念，这些观念大都受到20世纪60年代追求自由的学生运动和"性解放"运动的影响。但就连大多数那个年代活跃的嬉皮士，最后还是加入了主流社会，老老实实地结婚生子。

本节的目的，不是鼓励大家不结婚或去积极尝试"个体性"婚姻。我想说的是：和生活一样，婚姻也可以有多样性，但前提是婚姻的主体必须两相情愿，社会也对此有一定的包容性和自由度。我认为在如今的中国社会这两点都不具备。另外，开放式婚姻的出现，是由于喜新厌旧和猎奇是人类的天性，加上人类寿命再创新高，漫漫长路，我们每个人都可能在瞬间被另一个他或她深深吸引。如何在炉前灶后的平凡之中制造点点浪漫，如何与我们一生的伴侣共同成长，这其实是婚姻中需要面对的根本问题，不是靠开放式婚姻或暴打"小三"可以解决的。年轻时期刻骨铭心死去活来的爱情，也许一度争执猜忌甚至要放弃，在40年后成为默默携手相看无言的温情，这才是婚姻和爱情的最高境界。

女人一定要工作

在我看来，比一辈子不结婚更可怕的是在该充实自己开创事业时错过了学习技能的时机，日后只能依靠男人生活。"学得好干得好不如嫁得好"——这样的观念在美国、在中国都不陌生。不仅许多女人一辈子的梦想是嫁入豪门从此衣食无忧，甚至学历甚高、工作甚好的白领女性们在忙碌拼搏的同时也会不禁感叹："真希望有人可以照顾我，就不用这么干得拼死拼活。"坦白地讲，看到周围已经有闺蜜过上"退休"生活，有时我也会在心里暗暗羡慕。

嫁个有钱人这个愿望本身没错，但找个有钱的好男人则非易事。让我们分析一下：有钱人分两种，一种是天生有钱型，比如"官二""富二"，他们大多从小就以自我为中心，习惯了优越的生活和众人的追捧，要得到他们的悉心照料，甚至完全实现平起平坐，可能挑战性比较大；第二种是自我奋斗型，他们出身平凡，经过自己的奋斗实现经济自由，这一类型的人一般比较强势喜欢控制人，对自己的财富更谨慎，也比一般人更斤斤计较，做他们的伴侣也不是一件容易的事。

更重要的是，即使非常幸运地嫁了一个有钱的好男人，女人也一定要工作！经济独立是长久幸福、内心平静、实现家庭平等的前提。人生的变数太多，婚姻也许会走到尽头，财富也许会来去匆匆，唯一属于我们的是自己的知识和技能，是无论生活带我们到哪里都可以从头再来开创一番新天地的能力和勇气。

在我曾工作的资本集团高端理财部门，除我以外唯一的一位女性林恩，是我的导师加忘年交。她和我妈妈年龄相仿，专门为离异的高净值女性提供理财服务，她的客户都是曾嫁入豪门、有亿万身价的女性，她们大多天生丽质，也不乏有高学位及曾有高薪职位的人。她们离婚时或多或少都面临着相同的问题：自从结婚后就再也没有工作过，离异后再想开始工作几乎不太可能，因为她们习惯了曾经的生活方式，也不可能再回到中产阶级的生活水平，最让她们为难的是曾以为永远也不会用到的"婚前协议书"早已明确说明她们可以得到的财产分配，而那基本就是她们余生可以依靠的所有财产。那些财产也许会让平常人艳羡不已，也可以让她们余生衣食无忧，但这样的生活和为自己的事业努力奋斗的人生相比，难道不是后者更有意义、更有成就感吗？我参加过许多次林恩和她客户的会谈，这些仍然身价不菲的女人是我见过最迷茫、最忧郁的女人。每次开完会，林恩总会语重心长地对我说："我们是不是比她们幸福很多？女人啊，一定要工作！"

生命没有标准答案，也没有捷径，在我看来，有事业的女人生命最有滋味，魅力也最长久。

做一枚倔强的"剩女"

爱情，婚姻，事业，孩子，是每个女人都需要思考的重大选择。只不过在这个正处在转型期的瞬息万变的社会里，八〇后、九〇后的中国女性们在面对这些选择时更要背负"剩女"的压力。虽然没有完美的"剩女攻略"和解决方案，但我祝愿每一位"剩女"或即将加入"剩女"队伍的小伙伴：充分享受单身的自由，不顾一切地爱一次；每天都完善自己的身体，充实自己的头脑，积极开创自己的事业；倔强地抵制爸爸妈妈叔叔阿姨朋友社会的催促，花时间去把你的"候选人"了解得透透彻彻，不找到 Mr. Right 不罢休，绝不为时间和压力妥协。

妈妈的点评

看了女儿这篇发自内心的几乎是呐喊的文字，我被深深地震撼了。说实话，我无法反驳女儿的观点，也非常佩服女儿对"剩女问题"进行的系统性分析。

这部分内容原本不在书稿中，是雯雯主动要加上去的，由于雯雯工作及社会活动极其繁忙，虽然写作只用了几天时间，但是从提出构想到动笔大概拖了几个月。因为这本书已拖延过久，其间我曾向雯雯提出：如果没有时间，这一章就别写了吧。可是雯雯斩钉截铁地说："我一定要写！"

看得出，雯雯对爱情、婚姻、家庭和社会价值观有很多思考，她的确是有感而发，而且一发不可收拾，那排山倒海的质疑、深思熟虑的观点、坚定的不人云亦云的态度，令我非常欣慰，女儿不仅成熟而且非常有见地。

可是她毕竟到了女大当嫁的年龄。

我同龄的同学同事朋友的孩子基本都结婚生子，当我参加数不清的下一代孩子的婚宴时，当看到好友同事们亲吻着牙牙学语的孙子孙女，牵着他们的小手散步玩耍时，当我在亲戚朋友轮番轰炸式的关心询问中一遍遍解释着"为什么"时，要说我这个当妈的一点也不急那是假话，我先生更是不断催促着：雯雯要现实一点，不要太理想化了。

其实，我和雯雯的爸爸有时也很纳闷，女儿的追求者从未间断，也绝对符合时下流行的"高富帅"标准，因为女儿所处的行业和公司地位，她所结识的大部分追求者都有哈佛、耶鲁、麻省、斯坦福、加州理工等全世界顶尖学府的高学历背景，不乏功成名就、家财万贯、有私人游艇私人飞机者。这些人在我们眼中，似乎个个都不错，如同当年雯雯考上的12所世界著名大学，每个都足以让当父母的满意骄傲。

不过，我也理解，雯雯还一直处在认识自己的过程中，还处在拼命往前不能停下来的旅途中，在没有搞清楚自己究竟要的是什么之前，她不敢贸然做出这个人生最重大的决定。

可是说实话，不管什么人，两人长久在一起，爱情还是会因生活中大量的琐事褪去耀眼的光环，激情也会在生儿育女、买菜做饭、洗碗扫地的时光中慢慢消失。

人生，不就是这么回事吗？

（雯雯点评：其实我真的不认为人生是这么回事，我不希望生活是"生儿育女、买菜做饭、洗碗扫地的时光"，即使结婚后的生活也可以很精彩，可以一起周游世界，一起做喜欢的事，一起经营自己的公司。不怕艰辛、拒绝平凡、大胆冒险、但求精彩，这就是我和别人的女儿最大的不同。）

一方面我理解支持女儿，但另一方面作为一个普通的妈妈，我也希望女儿早日安定，我们早日抱孙子，毕竟我还要面对中国社会的压力，不能脱离中国本土根深蒂固的文化理念——男大当婚女大当嫁，在闲言碎语如"肯定是你家女儿太挑剔"之下也会有内心的挣扎，我这个妈妈的角色也是很为难的。

有一次，我忍不住在电话里催促雯雯，雯雯大声地说："妈妈，请你记住，你的女儿和别人的女儿不一样！"她连说了几遍。

出国次数多了，有几件事对我触动很大。

雯雯的朋友圈子里，二十七八岁、三十多岁的单身女孩子很多，她们都有一个共同的感受，像这样的年龄在欧美没什么压力，但一踏上亚洲的土地，无论是我国内地、香港地区，还是日本、新加坡，女孩子们马上就有危机感了。回国后亲朋好友的第一句话就是：谈朋友了吗？什么时候结婚？啊，还没谈朋友啊！啧啧啧……人们的眼光中闪烁着对"大女""剩女"的怜悯和关切，一个像《非诚勿扰》这样的普通娱乐节目撩拨着全世界华人的心绪。

我曾经和雯雯的好朋友，一位在巴黎银行工作的总裁谈论此事。这位70多岁心宽体胖、笑口常开的银行家说："在我们法国，如果女孩子不到30岁就结婚生子，会被人瞧不起，认为事业不行，搞不出成果。"

我说："中国妈妈有个担心，就是年龄大了，生孩子就会有问题，也许对孩子体质不好。"

巴黎爷爷发出爽朗的笑声："现在科技如此发达，别说30岁，就是40岁，甚至50岁都没问题，中国妈妈你就放心吧。"

S是雯雯在香港的好朋友，那一年她已经38岁，还单身，这个安徽籍的大龄女已被中国妈妈担心的吐沫淹没了。某日朋友聚会，一位年轻帅气小她 9 岁的美国麻省理工毕业的小伙子来到她身旁，两人相见恨晚，几个月后牵手走上红地毯，婚后第二年就生了个健硕的胖小子。这位对自己年龄毫不在乎的大龄女——应该是孩子妈，告诉我：明年打算再要一个孩子。三年后我与她在香港再次邂逅，她身边又多了一个漂亮的女儿，而且，四十多岁的她比以前更妩媚、更有女人味了。

在新加坡，我和雯雯看了一场德国著名艺术团表演的现代舞，其中一个舞蹈让我记忆深刻：一队排列整齐的男女青年迈着同样的步伐，面朝同一个方向机械地移步，一个女子突然从队列中走出，朝着另一个方向走去，又有一个男子脱离整齐的队伍，随后这对男女用大幅度激烈的舞蹈动作表现着与外界的冲突和心灵的起伏。中场休息时，我们和朋友们都议论着这个舞蹈所表达的含义，大家的感受一致：要摆脱社会的惯性，追随自己内心的声音，追求自己的生活目标是要付出艰辛、不菲的代价的。

我知道，正是因为我们的家庭是一个民主、开放、平等的家庭，才使得雯雯独立自信、敢于冒险、勇于追求自己的理想，只要她有自己喜爱的事业，有充实愉快的生活，能够靠自己的努力为社会服务，且能保持清醒的头脑，不会迷失前行的方向，能为自己的行为担当负责，我们当父母的就没有必要担心孩子的未来。

我理解，我的女儿不愿意为结婚而结婚、不愿意为完成任务而结婚、不愿意为时间为年龄为社会逼迫而结婚、不愿意为功利而结婚，她是对自己对家庭的未来负责，希望把婚姻风险降到最低，她所寻找的是牵手到老依然可以依傍在他肩上的那个人。

我明白，我的女儿要做那个不循规蹈矩、不从众、不屈服、走出队伍行列走自己路的人。生命没有标准答案，道路也没有标准模式。

我愿意支持女儿：

做真实的自己，做一枚生命怒放的"剩女"，继续寻找自己生命和灵魂的伴侣。

你是与别人不一样的女儿，妈妈是与别人不一样的妈妈，我们是一对不屈服的倔强母女！

妈妈不急！

第六章　爱与成长

妈妈 真正的爱与真正的控制

> 爱的重要特征在于，爱者与被爱者都不是人格的附属品。付出真爱的父母，应该永远把孩子视为独立的个体，永远尊重孩子的独立与成长。

中国式家庭教育

不知从何时起，中国父母的生活只剩下一个目标：望子成龙成凤；一生只有一个内容：为孩子而活。同居一个屋檐下，同在一张饭桌上，父母变成了权威、独裁者、控制者，随意支配着原本属于独立个体的生命，而孩子则处于服从、被控制、被监督的地位，美妙的合奏也不知在何时变成了不和谐的独奏。

在扭曲的变奏下，原本有序的生命变得混乱不堪。

中国的父母太爱孩子了，省吃俭用把最好的留给孩子，殚精竭虑呵护关注着孩子。从孩子出生到上学，从孩子工作到结婚再到他们生育子女，父母们为了孩子无怨无悔心甘情愿奉献自己一辈子。

中国的孩子太甜了，可以轻而易举得到父母无微不至的照顾，从出生到未来，整个人生父母都一手代办一手打理。

中国的孩子太苦了，每天披星戴月，学校、教室、家庭三点一线，没有闲暇，没有自由玩耍的空间。

中国父母与孩子的矛盾太尖锐了。据一项调查显示，有 60% 的孩子把父母列为自己最不喜欢的人，孩子们有事需要交流时，父母只是他们的第四位告知伙伴。

2008 年 1 月，豆瓣网出现了"父母皆祸害"的惊人词语，这是一个网络小组的名字，"祸害"是八〇后子女形容五〇后父母的，当年 7000 人的组员如今已发展到 11 万多人。那里的每一篇帖子字字血、声声泪控诉着父母的"罪过"，看得为人父母者心痛、心寒、心碎：父母含辛茹苦、日夜打拼、辛劳奔波不都是为了孩子好，不都是为了孩子幸福的未来？！父母对孩子的百般宠爱、百般关怀，却得不到孩子的理解，这是为什么？为什么现在的孩子如此绝情？！

在我的一次家族聚会上，在座的五〇后与八〇后聊起了教育话题。一位五〇后的父亲说了他养育孩子的三点体会：我做的一切都是为孩子好；为孩子做得再多也感觉不够；不需要孩子的任何回报。这位父亲的话发自肺腑，得到了在座的五〇后父母一致赞成。

而八〇后的孩子却这样回应：我明白父母都是为我好，但我宁可自己碰得头破血流；您越做得多，我越不舒服；您嘴上说不要回报，可是您心里却在埋怨：为什么这孩子不会感恩？

这次争论很有意思，很有代表性。问题出在哪儿？

2011 年 7 月，中国预防青少年犯罪研究会发布了《2010 年我国未成年犯抽样调查分析报告》，有近 41% 的未成年犯承认恨过父母。恨父母的主要原因：父母不理解自己、不关心自己的心理感受、不让做自己想做的事。

开心网做过一个关于两代人关系的调查，投票结果显示，父母最大的问题是：控制欲太强，不尊重孩子的隐私。一位初三的女孩子说："我知道妈妈很爱我，可她的爱让我想去死，她的爱让我一点点自由都没有。"

"思想得不到尊重，理想也得不到尊重，家庭、学校、社会三座大山压得我喘不过气来。太多的框架限制，学习完全是被动，不知道前途在哪，让人茫然无措。"一位正在上高三的男孩说。

孩子们的感受不能不带给我们沉重的思考：什么是真爱？什么是控制？爱与控制如何区别？

很难用一句话概括出当今父母与孩子矛盾冲突的原因，但有一点很清楚：我们的爱缺乏对生命的关爱；我们的教育缺乏对"人"的关怀；我们指望孩子成龙成凤的背后或许隐藏着向孩子索要荣耀的动机，我们想用孩子的成功炫耀自己虚假的面子，我们无意识中把孩子当成"物"而不是人，因而，我们的培养不是真正意义上对"人"的培养，我们的爱已脱离正常的渠道。

不是吗？

千万不能输在起跑线上。在中国的家长尤其是城市里的家长中，一种集体性的恐慌正蔓延着，他们总是害怕自己的孩子落在别人的后面，孩子们的起跑线不断前移，从原来的高考提前至中考，再到"小升初""幼升小"。多少孩子从两三岁开始，就不停地上各种培训班。据报道，南京有一个小学五年级的女生，考了44种证书。

一些小升初学生的推荐材料厚达 100 多页，获奖证书、各类证明琳琅满目。在父母担心落后的恐惧心理驱使下，很多孩子没有输在起跑线上，而是累死在起跑线上！这种教育方式一开始就是输局。

生活包照料、未来包设计、错误包打理。"只要你好好学习，一切都不用你操心"，父母代替孩子选择，代替孩子生活，于是，多少孩子小小年纪便沦为学习的机器，心理压力重重，人生梦想灰飞烟灭。失去自由选择也就失去了生命的意义，"三包"扼杀了孩子的个性与成长，孩子成为没有精神生命的木偶。

自己的成长已经停滞，自己的理想无法实现，自己无法适应激变的社会，于是，一切希望都放在孩子身上，焦虑也转嫁到孩子身上。

孩子别无选择，只剩下一条路——世俗的成功，孩子的生命已经没有了张力和弹性。

当今无数的家长正以爱的名义控制、操纵着孩子的生命，以爱的名义禁锢孩子的自由，以爱的名义破坏孩子的正常成长。

什么是真正的爱？

在孩子面前，我们其实是需要反思一些基本常识的：

什么是成长？能为自己的想法和独立行为承担责任。

什么是爱？爱的重要特征在于，爱者与被爱者都不是对方的附属品，付出真爱的父母，应该永远把孩子视为独立的个体，永远尊重孩子的独立与成长。美国著名心理学家弗洛姆在《爱的艺术》中说："爱的基本要素是：尊重、给予、关心、责任和了解。"尊重的含义是"容纳对方独有的个性存在"，并让孩子"能够健康成长和根据自己的意图自行发展"。

真正的爱没有要求，没有任何恐惧的阴影，也不隐藏任何掌控的企图。就像老天对万物的态度一样，它不要求你和你本来的自己有所不同，不试图改造你或修正你——真正的爱是完全无条件的。

什么是教育的目的？让人成为人，发挥出最符合生命本质的热情、激情和创造力，成为真正独立的人。

什么是教育的性质？教育的性质如同教育家叶圣陶所言："教育是农业，不是工业。"给它充分、合适的条件，如水、阳光、空气、肥料等，等待它自己发芽生长、开花结果，而绝不应像工业，统一模具批量生产。教育的核心在于发现、引导、等待。

衡量真正的爱与真正的控制，我认为有几条简单的标准：

第一，放下自己被孩子需要的需求。

很多家长不认为孩子有控制能力，不认为孩子其实自己可以做得更好。所以，事事帮孩子做选择，处处替孩子做决定，让孩子离不开你，永远依赖你，这其实是毁灭孩子的最好办法。当然，控制孩子的结局是将来孩子会不断地伤害你。

很多家长坚信自己是无私的，是为了孩子好，他们希望孩子享受幸福生活，但这种生活必须是由他们安排好的，那种需要被孩子需要的潜意识随着年龄的上升变得走火入魔。正是由于爱的变质才导致了不少孩子的不幸。

理智的父母在为孩子做出决定前，要多问自己几个问题：我对孩子的爱是否出于被需要的心理？我是否操纵了孩子的需要，使他永远依赖我，从而牺牲了原本属于他真正的幸福？

第二，与孩子真正分离。

世界上只有一种爱是讲究分离的。18世纪启蒙思想的先驱，英国著名思想家、教育家约翰·洛克说："衡量一个母亲的教育是否成功，就要看这个母亲是否敢于把孩子推出去。"奥地利心理学家阿尔弗雷德·阿德勒说："母爱的真正本质在于孩子的成长，这就意味着关心母亲与孩子的分离。"

越爱孩子的父母，孩子就越不依恋他们，原因是他建立了安全感；而没有得到父母真正爱的孩子，就会讨好别人、察言观色，小心翼翼按照他人意愿行事，或封闭自己，拒绝任何一种关爱。

C.S.路易斯被称为英国20世纪"最伟大的牛津人"，他在其代表作《四种爱》中告诫我们：母爱是一种给予之爱，给予的正确目的在于让接受者脱离需要的境地。我们抚养孩子，为的是让他们不久就能够自食其力；我们教导孩子，为的是使他们以后不用我们再教导。当做父母的能够说："孩子不再需要我了"，那便是父母培养孩子真正的成功。

第三，做孩子的朋友。

这是最健康的家庭关系，也是我和女儿经过多年磨合终于实现了的最好状态，这种关系如同卸下了双方捆绑在一起无法动弹的桎梏，不仅带给我们极大的欣喜欢愉，更给了我们各自意想不到的突破性成长。

十多年前，我可以为女儿不按我的意愿穿裤子上火车而一周不理她；我可以不顾女儿和众多同学的感受，中断孩子们欢天喜地的聚会；我可以为了自己的面子将女儿软禁在家，粗暴地阻断她的初恋。当时的我并不明白，看上去为女儿好的背后有控制、操纵的成分，行事专横的背后是自大、以自我为中心，干涉女儿生活的背后是对孩子的不信任、不尊重。

理所当然，女儿不会接受我这样的"爱"，其后果是我和女儿经常会发生争执，为一点小事刺痛各自的神经，女儿慢慢积累出反感抗拒的情绪，并一度向她最亲密的人关闭了心灵之门。

我看过无数家庭父母与孩子的矛盾冲突，最突出的问题不是教育，而是关系出现了问题。能被自己的孩子视为亲密朋友，这是为人父母者最大的成功；而被孩子视为权威或者奴仆，则是父母最大的失败。

做孩子的朋友，就不能把孩子当作光宗耀祖的工具，当作父母期望目标的展示台，而是视其拥有一个正在形成的独立人格，不但爱他疼他，而且给予信任与尊重，凡属孩子自己的事情，既不越俎代庖，也不横加干涉，而是怀着爱心告诉孩子：相信你有能力处理好自己的事，如果你需要帮助，我们就在这里。

著名教育家孙云晓说得好："衡量父母与孩子关系好坏的底线是：当孩子遇到麻烦时，看他是否敢对父母说；当孩子犯下错误时，父母是否敢于惩戒孩子，孩子是否能为自己承担责任。"

第四，少做直至不做。

在与孩子的关系中，需要控制的恰恰是我们家长自己。本能的爱动物皆有之，但理性的爱，需要的是约束和自律。如果不加约束，任其狷獗肆虐，爱就会变成逃出牢笼的野兽，成为对孩子的控制——爱与控制相隔很近，却有着天壤之别。

不在于我们做得多，而在于做对了什么。父母做得越少，孩子的成长空间就越大；自由越多，快乐越多，上帝给他的才华就越能得到发挥。

美国著名教育家保罗·塔夫（Paul Tough）在他近期出版的著作《孩子们如何获得成功：勇气、好奇心与性格的潜藏力量》中谈到：若要帮助孩子培养非认知技能（也就是说塑造他们的性格），家长所能做的最有价值的事情或许就是什么都不做。学生们在家中和学校受到过度保护，不会遭遇困境，因此他们从未培养出克服实际挫折的关键能力，相应地，也没有在这个过程中形成坚毅的性格。

所以，"什么都不做"（广义的），需要极高的智慧、宽阔的胸怀、极强的克制力。"什么都不做"，是知道什么时候悄悄地闭嘴，什么时候默默地守候，什么时候静静地注视，什么时候坦然地放手。

"不做"比"做"要难一万倍。

父母"不做"的，是不去限制，不去打扰，不去干预，不去代替孩子做事。

父母要"做"的，是给孩子空间，给孩子自由，发现和保护孩子与生俱来的天性，并时时反省自己的人格和心灵，和孩子一起成长。

五〇后与八〇后，虽然相隔一个时代、一个辈分，但前方的路是连通的——生命的成长。

女儿　如果我也做妈妈

> "要孩子就和在脸上刺青一样，在做决定之前，你
> 必须要完全确定你的选择。"
>
> ——《美食，祈祷，爱》

最近，我国内的朋友、同学纷纷结婚生子，我意识到按"正常"的生活轨迹，我也到了应该为人妻为人母有车有房有小狗的年龄。只是现在的我这以上所列的一项也没有：游走在不同的大陆之间觉得自己还是孩子，每天都还在不断接受新鲜事物、不断成长，所以"做妈妈"对我而言还是一个比较遥远的话题。我不知道孩子究竟意味着什么，但我相信那一定是一生中最宝贵、最美妙的事，会让一个人的生命更加丰富完整。

在未来某一天当我也做了妈妈，我希望我和他（她）会更像朋友或兄弟（姐妹），可以无话不说，可以一起逛街打球，就像我和妈妈现在一样。我会遵循妈妈一直坚持的原则：自由、鼓励、平等、尊重。以下是我的"Do's"（会去做的）和"Don'ts"（不会去做的）。

Do's（会去做的）

1. 给孩子最大限度的自由和发展空间，让孩子自然地成长。我相信每个人来到这个世上都有一定的使命，每个人都要靠自己去发现最适合自己的路。在这条路上，父母是指路人和同行的朋友，而不能代替孩子去选择他们的道路。让孩子接触不同的艺术、知识和技能。如果父母给孩子展现的舞台足够大，给孩子的自由空间足够多，给孩子适当与适时的鼓励，孩子自然会知道他们最喜欢的是什么，最擅长的是什么。

2. 让孩子"读万卷书，行万里路"。读书与旅行，一个是间接经验，一个是直接经验，是让人迅速成长的最有效途径。我会培养孩子读书的习惯，让孩子接触广泛的知识面。我希望孩子在还年轻的时候，就能周游列国，结识不同国籍的朋友，用自己的眼睛去认识世界，感受不同的文化与不同的生活方式。

记得我第一次去欧洲，听到巴黎咖啡馆里人们热烈讨论文艺与政治，看到维也纳城市中心公园里人们悠闲地晒太阳；第一次到美国，遇到追寻梦想的流浪艺术家，结识毅然辞去金融公司职位成为瑜伽老师的朋友之后，我才意识到原来生活有着无数的可能性——按部就班结婚生子稳定工作买房买车只是这无数种可能性中的一种。所以只有当孩子在年轻时就看到不同的生活状态与可能性后，他们才能更好地选择最适合自己的生活方式，更加了解自己究竟想要过怎样的生活，成为什么样的人。

3. 孩子十八岁以后把他"踢出家"。我相信只有当孩子完全脱离父母的照顾之后，他才能成为真正独立的个体。

以我自己的经验而言，发现自我、发现世界的旅程从去北京上学开始，在奥地利和伦敦读研时加速，在美国工作时一步一步深化；现在重返亚洲后，终于找到了不同文化在我身上的平衡点，明白了我想要过的生活。虽然我和父母时常分享这个过程中的点点滴滴，他们也会给我意见和引导，但这终究是个非常独立和个人的旅程，如果我一直留在父母身边，是无法经历与了解这一切的。

我看到国内太多的朋友和亲人，因为一直和父母生活在一起，彼此对对方的影响太深以致两败俱伤。出于本性，父母无法停止对孩子"无微不至"的照顾，孩子也无法停止对父母过度干涉的反抗。所以，十八岁之后放手让孩子去闯世界，是父母给孩子和自己最好的礼物。孩子离家，父母开始时会不习惯，会想念和担心，但慢慢会习惯，也会有更多的时间找到自己的兴趣，过不以孩子为中心的生活。

4. 培养孩子身体、思维和灵性的统一。苏格拉底曾说："body, mind and spirit, all in one."意思是，一个人是身体、思维和灵性的统一体，正所谓："德、智、体全面发展。"所以我希望我的孩子在这三方面都能平衡：在了解世界、发展智力的同时，也注重对自己精神世界的培养（比如信仰、冥想等）。

5. 让孩子充分享受爱情。许多中国父母认为上大学前谈恋爱是早恋，是不务正业，会影响学习，拖累高考，影响一生的前途。我明白中华文化讲求的是，在什么阶段做什么事情。"十五志于学，三十而立，四十而不惑，五十而知天命，六十而耳顺，七十而从心所欲不逾矩。"殊不知，阶段之间不只是靠时间划分，而是通过经验过渡的。如果没有多次恋爱的经验，你又如何知道什么样的 TA 是最适合你的那另一半？

有时我觉得中国家长的逻辑是最怪异的：大学前不准恋爱，大一、大二还是要好好注重学习，突然间大三、大四要是还没有男女朋友就是不正常的了，25 岁之后（尤其是女孩）还没有结婚的意向，就开始如同热锅上的蚂蚁，带着孩子四处相亲施加压力。可是恋爱需要技巧，感情需要磨合，了解自己和恋人需要时间。怎么可能上了大四一找好工作，天上就突然掉下个白富美的林妹妹，或高大上的宝哥哥呢？更重要的是，最纯真的感情，往往是在那些没心没肺的豆蔻年华，在眉来眼去的课间饭后发生的。当我们有了生活的压力，当爱情被打上物质的烙印，这样的爱情就不会再有了。而没有经历过最纯真的爱情的人生是可悲的。

所以，我不会阻止我的孩子恋爱。因为要找到真爱，首先要学会如何爱，明白什么样的伴侣是与自己兼容的。如果我的孩子愿意告诉我，我会倾听他（她）的爱情故事，给他（她）我作为妈妈的建议。如此而已，因为我们每个人都需要在爱情的甜蜜和痛苦中自己慢慢长大。

Don'ts：（不会去做的）

1. 我不会给孩子的思维强加任何限制。我不会要求他们成为什么样的人，做什么样的工作。我尤其不会把我的孩子和别人做比较，或和社会准则做比较。我希望我的孩子永远是个"孩子"，永远保持孩子的好奇心和做梦的勇气。永远追求自己的梦想，不管那个梦想在别人的眼中有多荒谬和"不切实际"。

当我们都是孩子的时候，我们的梦想是成为科学家、警察、宇航员、舞蹈家、歌手、诗人；没有听说哪个孩子从小的梦想是去投行或进"四大"（我无意冒犯这些工作和公司，因为我也身在其中）。遗憾的是，对于大部分人而言，成长的过程是同化和屈服的过程。我们发现那些儿时的梦想，原来不能给我们足够的面包，也不能给父母的脸上增加足够的光彩。我不希望我的孩子因为父母的期望和社会的准则就轻易放弃最初的爱好和梦想。我希望在他（她）能够养活自己的情况下，尽量追求自己的爱好，过自己喜欢的生活，为自己而活，毕竟我们只有一次人生，只能活一回。

2. 我绝不会干涉孩子的隐私。在工作中如果我们翻看别人的文件会被开除，在社交场合如果我们问别人太多个人问题会招来非议，为什么在家里我们就能随便翻看孩子的信件和日记呢？对我而言，这是破坏亲子关系的"最有效"的捷径。我认为不管人与人之间的关系多亲近，父母与子女也好，妻子与丈夫也好，每个人都是独立的个体，每个人都有自己的世界。当孩子希望对父母讲述、寻求父母意见时，他们自然会开口，当然前提是父母首先要赢得孩子的信任。如果孩子对父母没有足够的信任，就会选择不去和父母交流，即使父母提出疑问和建议，孩子也不会接受。

3. 我不会把我自己的经验强加给孩子。常听到父母对孩子说："不要做这个，不要做那个，不要犯我当年的错误，不要走我当年的弯路。"对我而言这是个不成立的命题。首先，时代不同，父母当年的错误，现在也许是正确的决定；其次，个人不同，在父母看来无法接受的也许是孩子最自然的选择；最后我认为孩子必须要适时走走弯路，犯过一些错误才能真正记得其中的经验与教训。生活没有捷径可走，每个人都在错误中学习。

4. 不让孩子完成我（未完成）的梦想，不把我的兴趣强加给孩子。这一点对每一个父母包括未来的我而言也许都很困难，毕竟如果孩子和自己爱好一致，共同语言也会更多。我常想象我的女儿跳芭蕾或是唱爵士的景象。可最重要的是：父母可以把自己的兴趣爱好介绍给孩子，而孩子接不接受喜不喜欢是他们自己的权利与自由。

还有，如果有可能，我会生两个孩子，然后再领养一个，这个世界上不幸的孩子那么多，我希望能够为他们做些什么。我会和孩子们一起嬉戏、一起学习、一起犯错，然后一起成长。也许，比起我们这一代独生子女，他们不会时刻活在妈妈的眼皮底下，也不会得忧郁症，他们会快乐很多，我这个当妈妈的也会轻松很多。

最妙的是，我希望当我和我的女儿（们）走在街上，前来搭讪的年轻男孩会说：你们姐妹真漂亮！

关于成长的对谈

2006 年雯雯出国后，因为远隔重洋，又没有微信那样快捷方便的通信工具，每次与雯雯的对话都极为珍贵。为了记住谈话的内容，跟上女儿游走世界的脚步，我养成了聊天速记的习惯，与女儿通话后我再重新整理一遍誊录到笔记本中。几年过去了，我已经记录了 7 个大笔记本，打印出母女谈话记录 30 多万字。

我和雯雯无话不谈，学习生活，不同国家不同城市的风貌和文化，新结识的朋友，各种有趣的事情，签证、住房等各种烦恼和困难，几乎生活中的所有话题我们都聊，而且一聊就没完没了（如果时间允许），虽然我们有很多不同的观点，并且常常产生分歧，但这样的聊天才有趣啊。

这些记录是雯雯海外求学、生活、工作的记录，也是我和女儿一起成长的见证。我非常感谢雯雯，在她游走过世界 30 多个国家和 50 多座城市、认识不计其数新朋友的同时，也帮我打开了一扇扇认识世界的窗户，各种新观念新信息给了我很多冲击和启示，女儿成了我的导游和最亲密的朋友。以前我牵着她的小手认识世界，现在是她拉着我一起往前走。

我与这个世界何关?

(雯雯的回应写于 2006 年大学毕业的出国前夕)

妈妈: 你们这一代和我们当年太不一样了,你们好像不太关心社会,不太关心别人,更不关心"革命"。你们讲物质,讲虚荣,太实际,一切以自我为中心,尤其缺少一些"天下兴亡,匹夫有责""先天下之忧而忧,后天下之乐而乐""指点江山,激扬文字,粪土当年万户侯"的理想主义的激情。也许时代不同了,环境也有大的变化,但是作为五〇后,我还是非常怀念那个激情四射的年代,而在八〇后和九〇后的年轻人身上,我已经很少看到这些了。妈妈的观念是否太落伍、太保守? 或是不理解八〇后一代?

雯雯: 我想也许您是对的。可是,任何事的发生都是有理由的,我不想为自己辩解,更不敢拿"我们这一代"说事儿。我只想谈谈,作为在你们眼中"垮掉的一代"的八〇后为什么会有这些特点。

感谢您和爸爸一直小心地呵护我,把这个世界美丽生动、充满希望的一面展示给我,或者,是我一厢情愿地看到这一面。长这么大,我没有受过什么挫折。我想得到的,好像总能顺利得到,饥饿、贫穷、寒冷、失去至爱的滋味,我全不知道。父母、朋友、爱人,大家仿佛都在小心翼翼地呵护我。八〇后是独生子女的第一代,集万千宠爱于一身,在物质方面所享受的条件比起你们那一代确实是一个天上,一个地下。

正因如此,与您一样,我也深深爱着这个国家、这个世界,但是我们的动因却是大不相同的。您爱它,是因为它的脆弱而易逝的美丽,您感到自己有保护它的责任,有让它变得更好的使命。而我,无限珍惜生命中的一切，害怕失去我所得到的一切，而这一切，又是以这个世界为依托的。所以，与其说我爱这个世界的美丽，不如说是我爱着我生命中那些脆弱而易逝的美丽，我爱的，说到底只是自己而已。我不满意自己的自私，却又不知道怎么去超越自己，超越日常生活的那些虚无缥缈的"理想"。

所谓革命，所谓解放，所谓主义，所谓追求，所谓服务，对我们这一代而言只不过是政治课上必背却干瘪的词汇，后面没有支撑的内容，我们也看不到可供参考的行动。能把自己的生活过得精彩就已算艰难，何谈"革命"？

我知道，和你们那一代相比，我们所缺少的是超出自身的形而上的关心与爱，是一点理想主义的激情，是一些非功利的信仰。也许，正如媒体上的老生常谈：这是几代人之间的差异（虽然我最不愿做的事就是把事情泛化）。

当我走在北京的东方广场上，看到周围或老或小的人们，在周杰伦口齿不清的音乐声中掏出自己那些或多或少的"花红柳绿"时，看着他们，不，是我们，眼神迷离地被广告、霓虹灯吸引时，我不得不相信黄仁宇的判断。在这样的时代、这样的社会，每个人的基本角色只有两种：推销员与消费者。推销货物，推销自己，然后用推销所得去消费，消费别的货物，消费他人。接着继续推销、消费。

所以在这样的时代，请不要轻易鄙视"拜金男"或"物质女"，因为你周围所有人都在身体力行着同一个金科玉律：钱不是万能的，但没有钱是万万不能的。

正因我们这一代深谙这一"真理"，所以我们都很实际。老师在课堂上从来不说钱是个好东西，他们只会告诉我们毛主席有多伟大，而聪明的我们一眼就发现那些很有用的红纸上不就印着他老人家吗？谁说我们是垮掉的一代？我们都很努力。谁说我们没有梦想？我们的梦想就是挣钱买房买车让自己和父母家人都过上有质量、有尊严的生活。用我朋友的话说："我的理想就是在北京过上外国人的生活。"（他说的外国人当然不是非洲人，即使是，也是酋长的儿子吧）我们为自己打拼，为"钱途"献身，为实实在在的利益奋斗，我们有错吗？我们也无奈啊。在奋斗的过程中甚至无暇顾及这个世界的美丽，我们也可悲啊。

我的一位忘年交是个六〇后的激昂愤青，现在还是。他曾对我说："我发现，看到这个世界的丑恶越多，我对它美好的一面就越珍爱，因为你真正懂得了它的价值，它的不可多得和容易消逝。随着这个世界变化的速度加快，许多东西几乎就在我们眼前永远地没有了。你对它爱得越深，你越会觉得它跟自己有关系，最后，你会用自己的行动保护它们，并且会认为那就是自己的责任和价值。虽然你面对它们的时候满心忧患，但在去做的时候，你会得到最大的快乐，你内心纯净，感到自己的价值，那是你活着的意义。"

妈妈，您知道我有多羡慕他能说出这些话吗？您知道我有多羡慕你们和你们的父辈可以为理想而献身的勇气吗？即使是六〇后、七〇后，也比我们多出许多"革命"的浪漫。因为如果换作我，也许就会说：它们是很美，可是关于它们的消失我又能做什么？我还有三篇翻译要做，两个材料要准备，而且，我刚买的鞋又不合脚，明天要赶着去退，不然就退不了啦！

然而这种状态是我所不满的。我常常陷入深深的恐惧中，害怕自己膨胀的物欲会吞噬掉那些性灵中真正重要的品质。我一边穿着细跟凉鞋故作忧郁地望向哈根达斯窗外行色匆匆的人群，一边焦虑地向上帝忏悔我对物质的沉醉。

如何处理好自我与世界的关系，如何从对自己的爱中滋生出对世界、对他物、对他人无私的爱，如何去对无关己利的他者"悲悯"，如何处理物欲与精神的关系，我仍没有明晰的头绪。

但幸好我还年轻。我想，我将在维也纳的音乐中继续寻找答案，我将在漫长的世界历史中继续寻找答案，我将在欧洲大地上继续寻找答案——看看那些在几十年前甚至是上百年前就已经历过中国现阶段的人们，对生活又有着何种别样的渴求。

妈妈：雯雯，虽然对金钱、对财富的看法我们还是有分歧，也许我们五〇后这一代已被我们那个时代所同化，我们信奉"富贵不能淫，贫贱不能移""不为五斗米折腰"，从骨子里瞧不起"宁可坐在宝马车里哭，也不愿坐在自行车后面笑"这样的"拜金女"。当然我们也有对物质的需求，只是不敢像你们这样直白亮出自己的观点罢了。

但是，我非常高兴你有如此丰富的思想。妈妈应该承认，八〇后的你们，不再是人云亦云，不再轻易接受某个理论、某个观点、某个主义，你们对世界是带着自己的思考、质疑、批判而后去接受、去推动，这是时代的进步，是社会的进步，在这一点上，我们五〇后应该向你们学习。

你提出的如何处理好自我与世界的关系，如何从对自己的爱中滋生出对世界、对他物、对他人无私的爱，如何去对无关己利的他者"悲悯",如何处理物欲与精神的关系这几个问题非常深刻。不过妈妈也没有明确答案。

雯雯,你的欧洲求学即将开始,妈妈相信,靠着你对知识、对智慧的渴慕追求,靠着你对生命、对世界的无限热爱,你自己一定会找到答案!

你长大了!只是还需要更加成熟,妈妈只是希望你快点、再快一点。

雯雯:妈妈你还记得吗?小时候无论学什么,我永远是班里反应最慢的孩子。但是我那无处不在的令我自己也感到恐惧的好胜心会让我在课下一遍一遍重复学过的内容,直到我比周围大部分人都能更熟练掌握为止。所以,从小学到大学,我永远是班里前三名。前几天,毕业前夕清理东西,看着我的那些厚厚的奖状,只有自己心里最清楚那些人前轻松的微笑意味着多少汗水与泪水……不好意思,跑题了,我只是想告诉妈妈,雯雯的反应速度较平均水平更慢,所以,别急着恨铁不成钢,请让我慢慢地思考,慢慢地学习,慢慢地纠结,慢慢地领悟,慢慢地成长。

芭蕾、爵士:我的"药"

妈妈:雯雯,你从新加坡搬到了香港,现在又到了东京,再过几个月又要到洛杉矶,这种每四个月换一个国家、换一个城市的工作对你压力是多么大啊,妈妈很担心你能否应对如此之快的生活节奏。作为五〇后的妈妈,我的生存环境和你太不一样了,基本上几十年在一个单位工作,在一个城市定居,我很难体会四处迁徙不断处于变化的环境，因为这不仅是对生理也是对生命的极大挑战。虽然我知道这是公司对你的锻造和培养，是难得的机会，也是这个特殊阶段的状态，但是作为母亲，还是希望你尽快结束这种动荡的生活，有个稳定的环境。

雯雯：妈妈，首先我要向您说明的是，我非常喜欢这种节奏快、变化多、挑战大的生活，这也是当初在伦敦政治经济学院我从无数世界大公司的招聘中，一眼就选中美国资本集团的原因。招聘上写明："每四个月变化一个国家和城市，全方位地了解和融入该公司的文化。"这让我眼睛一亮，您知道，这是我最喜爱的生活方式啊。

您想一想，每四个月就到不同的国家不同的城市，且不说工作内容变化了、环境变化了，仅仅就是在年轻时候，走过这么多国家，见过这么多不同的人，经历过各种不同的文化，该是一件多么幸运的事啊。

当然任何事都得付出代价，压力的确很大。每过几个月，我都得把所有的家当从西半球搬到东半球，时差就得适应一阵，刚刚适应没多久，又得背起行囊出发。

您问我如何适应压力，我有自己的秘方。

我在参加美国资本集团公司的最后一轮面试时，考官是公司一位七十多岁的副总裁，他问我梦想是什么，当时我不假思索地说："当芭蕾舞演员，做一个爵士歌手！"这位看上去很严肃、很严谨的老人一脸的迷惑和惊讶："那你站在这里干吗来了？你知道我们是纯金融公司啊。"

大海的魅力——普吉岛潜水

上图：在幼儿园讲演，儿时的亦雯胆量是练出来的

下图：1999 年，高一游学英国

上图：2002 年，高考结束出考场

下图：语言为我打开西方文化之门，2006 年于北外毕业

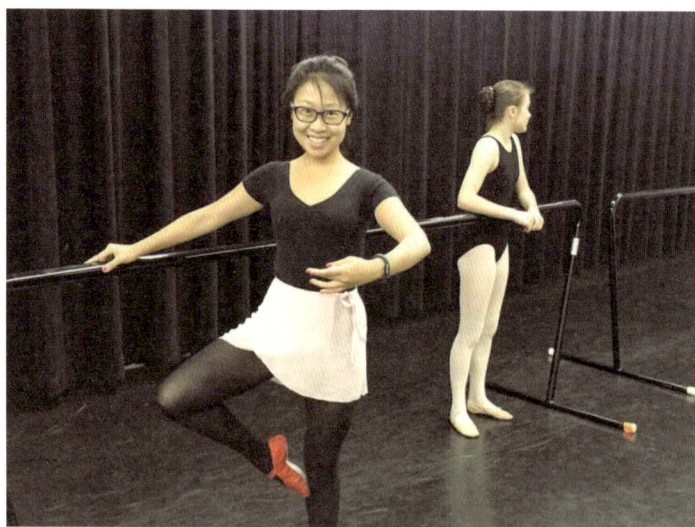

上图：在牛津大学

下图：爱芭蕾如生命

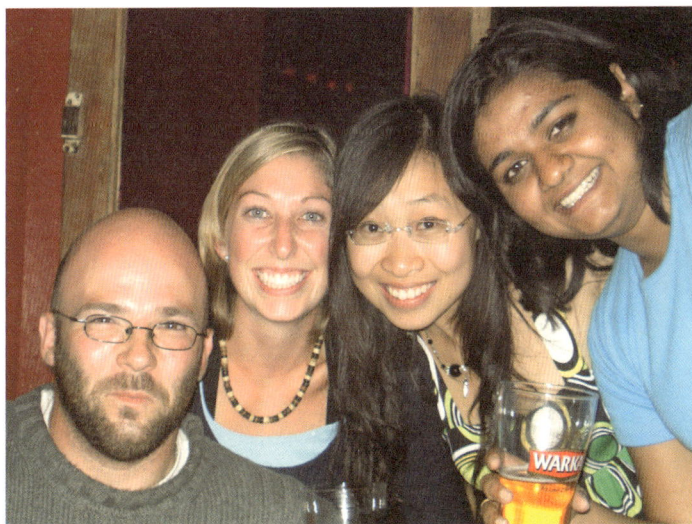

上图：2011 年 5 月与徐小平老师
下图：我的研究生同学

左图：2013 年，入围东森电视台在北美的"东森新人王"选秀
右上：参演《勇往直前》电影剧照
右下：与美国著名爵士达人登台演唱

参加洛杉矶年度长跑

当时我笑着幽默了一句："梦想不就是做梦吗？"这位副总裁顿时从惊愕状态回过神来，我们俩一起哈哈大笑。

话虽然这样说，但是我从心里痴迷着芭蕾和爵士，这也是我缓解繁重工作压力的最好办法。

妈妈您知道，我从大一时开始学跳芭蕾舞，一直坚持到现在，整整十年未间断，工作再忙，时间再紧，所有的休闲活动都可以放弃，但唯独跳芭蕾这件事我一直坚持着。每次排练芭蕾，我都深深地陶醉其中。

我爱上芭蕾，首先是因为爱上了这样一种艺术形式。它宁静而高雅，弯曲、伸展间诉说着不流于表面的美丽；纯洁而含蓄，美轮美奂间蕴含着深沉、宁静的力量。芭蕾舞者总是身材窈窕、气质高雅、举止迷人，就连丹麦女王每周也学习芭蕾，我们最爱的奥黛丽·赫本也是芭蕾舞者出身。我爱上芭蕾，也因为对芭蕾音乐的沉醉。一个充满阳光的舞蹈间，几排芭蕾扶手，一架钢琴，如水般简单而流畅，跳跃且和谐的音符随着舞者的举手投足立刻充满了整个房间，将人带入另一个空间。在那里，我全身心地投入这舞蹈、这音符，世界只剩下我和芭蕾，所以芭蕾是我的冥想时间，是我的瑜伽修行，是让我身心放松的最好方式。

如同芭蕾一样，爵士乐带给我的是安详和沉静，是完全的放松。回到家里坐在桌前，我一定会让爵士乐包围自己，就像浸泡在香气氤氲的浴缸里，思维更活跃，联想更丰富，许多难题和困惑在音乐中得到解答。

每年我都会和一群朋友到新奥尔良参加爵士音乐节，朋友们每年都不失约，已经去了 15 年！长达两周的聚会聚集了来自全世界的爵士乐迷，大家或站或躺在草地上，在迂回婉转、抑扬顿挫、低吟浅唱的爵士乐中感受历史的回响和生活的述说，这是我最爱的音乐盛典。

目前我拜洛杉矶一位爵士乐手做我的声乐老师，开始学习爵士乐演唱。爵士乐和其他音乐表现形式不同，讲究即兴发挥，通过自身对音乐的感知和理解能力，即兴或随机加入一段自我改编的片段，这就使得爵士乐具有意想不到的新鲜感和灵性。这种表现方法和我的生命节拍非常一致，这也是我喜爱爵士乐最大的原因。

其实我们每个人都是多层面的结合体和矛盾体。芭蕾和爵士对我的吸引，也正是由于我身上相矛盾的因素。一方面，也许是因为受到德国文化的影响，我热爱井然有序的规则，追求一丝不苟的完美，而芭蕾正是规则和完美的最好体现。舞者的每一个站姿、跨步、跳跃、手势，甚至眼神，都要通过一次一次的练习达到规定的统一标准。另一方面，我骨子里的反抗因子和冒险属性又强烈追求个性的张扬，不愿意受制于任何约束和压制，而爵士乐的灵魂就是即兴发挥。艺术家们有时不排练就直接上场，而大家爱的正是这淋漓尽致的随性创造。所以，寻找自己的终极爱好就如同寻找终身伴侣，最喜爱的、最持久的都是和自己灵魂最合拍的那个。

妈妈，在我们芭蕾舞学员中，有一位年近七十的老人，虽已高龄，但面色红润光滑，体态匀称，身体的柔韧度一点也不比我们年轻人差，举手投足间散发出极为高雅、恬静的气质，这位老人坚持练芭蕾已经十几年了。

如果您有兴趣不妨也试试，让我们母女俩一起在优雅的芭蕾舞中舒展双臂，放松身心。

有梦想，爱折腾

妈妈：一年又过去了，春节快到了，中国现在到处弥漫着浓浓的过年气息，大街上、商店门口高悬着红红的灯笼，商店里挤满了买年货的人。我们忙着写总结，忙着擦玻璃，忙着打扫卫生，忙着查看存折上的数字。我们不停地奔波，不停地忙碌，不停地加快步伐。我们盘点家产，盘点收益，盘点权位，盘点爱情，盘点……是不是还该盘点一下心灵：我们到底在追逐什么，我们到底需要什么，生命中什么是最重要的，什么是真正的快乐！

雯雯：是啊，亲爱的妈妈，站在一年的尾巴上，你会觉得这个世界变化如此之快，你可能已不记得在刚刚过去的一年里发生了什么事，除了一些闪烁的头条新闻，一些熟悉或陌生的面孔，一些场景片段和一些声音。一天又一天，一夜又一夜，我们很少有人能够摆脱生活的惯性。在我们的日常生活中，我们或高兴或烦恼，体验不断涌来的压力，迎接任务的最后期限，完成某项工作目标，维护社会关系——如果我们足够幸运，仍有要实现的梦想。

在这样一个世界里，要保持清醒的头脑，我认为我们就必须坚守一些不变的东西——这些东西谁也无法从我们这里拿走：对于一些人来说，它可能是上帝，对另一些人来说，也可能是一个美好夜晚的亲吻，或是清晨一杯星巴克的咖啡。而对于我，它是这里或那里的一些小小的快乐时光，就像我在上班的路上，看到蓝蓝的天空，感受温暖的阳光；在我回家的路上捡起缤纷的落叶；收音机里传来的歌，虽然语言不通，但仍然让我感动让我流泪；在阳光明媚的星期天早晨伴随着巴赫和肖邦音乐的芭蕾课……如果没有这些，我很难应对这样的挑战——每过几个月，我就要从这个国家搬到另一个国家，从这个城市换到另一个城市。

当合上生活的一页翻开另一页时，许多人会在新的一年列一份期待的清单：更健康，更富裕，更聪敏，更苗条，长得更高，更快乐，找到真正的爱情……当然这些期望的某些项目有可能在未来的岁月里才能达到。除此之外，我还决定在这个时间做一件事。

在古埃及，人们相信人在死亡后要回答两个问题，因为它决定一个人是否可以去天堂。问题是："在你的生命中找到快乐了吗？你给别人的生活带来快乐了吗？"

我意识到，在我过去的那些年中，我一直在寻找生命中的喜悦，但我还没有给他人的生命带来足够的快乐。因此，我决定，在新年以及未来的岁月里，寻找我生活中真正的快乐，并给他人带来欢乐，这两者都将是我一生追求的目标。

妈妈：人究竟要过怎样的生活，这样的话题对于我们五〇后过于奢侈。在我们曾经年轻的那个年代，我们是一颗颗螺丝钉，哪里需要往哪里搬，是个人服从集体、少数服从多数。我们的生活轨道只有一条：跟随社会的脚步和大潮。我们好像很少去考虑"我从哪里来，要到哪里去"这样高深的哲学话题，很少去关注我们个人生命和灵魂的需要。

五〇后的一代人历经了太多的磨难，长身体时遇到了三年困难时期，求学时遇到了"文化大革命"，参加工作时要上山下乡，生儿育女时需要计划生育，贡献了青春到壮年时又遇到了改革大潮，不少人不到 50 岁因企业改制而提前下岗，成为经济发展的牺牲品；儿女辛苦养大后遇到了严酷的高考、激烈的就业形势，又开始了为子女奔波劳碌的历程。我们为人女为人妻为人母，一生都在背负着沉重的担子前行。说实话，能努力跟上生活的脚步、跟上社会的节奏，已经是竭尽全力了。

然而，上帝是公平的，五〇后的人生，可以从 60 岁开始，究竟要过什么样的生活，可以现在去寻找。

通过不断思考、省察自己，我发现坚持学习、帮助他人、不断成长是自己现在最喜欢做的事。

除了长期坚持学习心理学、教育学以外，2015 年夏天，我给自己一个更大的挑战：学习英语，时间为期两年半。我发现，学习不仅是对自己的挑战，更是一种乐趣。在英语培训机构的几千名学员中，我的年龄差不多是最大的了，但是与二十多岁的年轻人在一起，我没有丝毫胆怯和压力，反而由于时间的充裕而学得更扎实。

当不计功利专注地做一件事情时，那种投入的愉悦感、成就感便油然而生。学习，更是自己前行的动力，生命也因学习更有朝气、更加丰盛。我感谢生命，在我步入老年时仍然有如此旺盛的精力和不消退的激情，还能找到自己喜爱的事情。

我把心理学、教育学运用在家庭教育咨询中，收到了很好的效果，帮助了许多家庭和孩子。一位内蒙古的男孩因为有同性恋倾向受到社会和家庭的巨大压力，内心煎熬，多次想自杀，又没有经济能力支付昂贵的心理咨询费用，辗转多方找到了我，在长达近一年的义务电话咨询中，我帮助他走出了困境，恢复了正常学习。前不久他已找到了工作。一位 10 岁男孩由于俗称的"多动症"，不太适应应试教育而被学校劝阻休学，小小年龄就自杀过几次，在我的帮助下不但复学而且健康成长。一对夫妻在儿子婚礼前夕闹得不可开交，家庭濒临解体，在我的帮助下，儿子顺利举办了婚礼，夫妻关系也得到了缓解。

这些公益性活动的确占用了我不少时间和精力，而且心理学、家庭教育指导师和英语的各项学习也投入了不菲的资金，然而我却乐此不疲。我体会到，在努力帮助别人的同时，其实自己的收获最大，那就是心灵的快乐和满足。

说实话，我很不赞成动不动就说"不行了，老了"，老到不愿意再去探索世界，不愿意再去更新知识，不愿意为新事物而惊奇击掌，老到在一起就只是交流养生秘方，或是对自己的皱纹、白发长吁短叹，我觉得这种暮气才是真正的衰老。

人究竟要过什么样的生活，妈妈这一代人以前没有这样发问，但人生的下半场一定要搞清楚。虽然妈妈将进入花甲之年，不过在心理年龄上依然年轻、依然充满生命的活力。我想学习更多的知识，想扛起背包周游世界，想在森林里支个帐篷，仰望星空、美美地做梦；我想有自己的平台，在这个平台上尽可能帮助他人；我想把上帝赐给自己的才华用到极致，活得更加精彩。

这一切，都来得及！

雯雯：妈妈您知道吗，按照联合国世界卫生组织对年龄的划分，您属于中年人，难怪您的心态如此年轻，当然干什么都来得及。

祝贺妈妈在中年找到自己真正喜欢的生活！

康德曾说："什么是启蒙？启蒙就是人走出他咎由自取的未成年人状态。所谓未成年，就是说一个人不假他人的引导，就不能使用自己的头脑。倘若其原因不在于缺乏头脑，而在于没有他人的引导就没有决心和勇气使用自己的头脑，那么这种未成年就是咎由自取。所以，鼓起勇气去使用你的头脑！"以上便是启蒙运动之座右铭，妈妈有极其聪明的头脑，希望妈妈和我都能以此共勉。

八〇后当时的英文课本主人公是李雷与韩梅梅，那时我们有思想品德课，我们第一节课是"做四有新人"——有理想、有文化、有道德、有纪律。

现在我基本确定了自己的"四有"目标——有梦想、有责任、有使命、有独立人格。在当前浮躁功利的社会中，谈责任谈使命实在是阳春白雪，有点不切合实际。

我想说个路人甲的故事（路人甲可以是男，也可以是女）：我的路人甲18岁考上了小有名气的大学，学了当年热门的专业，25岁结婚，33岁当上了科长，在某城市的某环内购置了两居室，买了大众车。虽然男无大才女无美貌，但小日子安安稳稳、平平淡淡，没有惊险没有波澜，小夫妻开心，父母也心安。

路人甲是个八〇后，是芸芸众生中极其普通的一员。

人类几千年来，不断询问的无外乎三个命题：我是谁？我从哪里来？要到哪里去？对于世界上90%的人来说，问不问这三个问题，生活其实都一样，因为环境限制、社会压力、出身背景等等，也许人生就是按部就班的一场梦，始于摇篮，终于坟墓。然而，结果相同不等于必须人生相同，你需要去思考，需要去尝试，即使尝试之后仍然无法脱离既定轨道，但至少可以活得无憾。

我们可以选择路人甲或路人乙的生活，也可以不太安分地去寻找、去发问，每个人都有权利过自己的生活，但关键是要搞清楚：你究竟要过怎样的生活！

我属于后者——一个爱梦想、爱折腾、爱胡思乱想，并不知天高地厚有强烈责任感和使命感的八〇后；一个想搞明白自己要成为怎样的人，然后尽快成为那个人的八〇后；一个想搞明白自己到世界来是为什么，找到答案，并不断为之努力的八〇后。

妈妈你瞧，我俩多像啊！

后记

　　2011年春,《中国青年报》以8000多字的专版文章《第三条道路》报道了我培养女儿的心路历程,引起了社会的热烈反响和众多家长的关注。多家出版社力邀我出书,有的出版社几天之内就拿出了合约和营销方案,并从外地赶赴与我面谈。这让我明白,家庭教育对于中国的家长是多么重要。

　　在写书的过程中,我陆续看了数百本有关家庭教育的书籍。我发现,家教类图书已成为图书市场的热点。有专家谈理论提建议的,有教育者给忠告的,有成功家长谈育儿经验的,当然也有不少东拼西凑、滥竽充数的伪家教书。每隔一段时间甚至每天都有家庭教育方面的新书出版。

　　动笔前,我信心满满,因为我和女儿相信:我们都是普通人,妈妈不是专业教育工作者,同所有妈妈一样容易犯错;女儿并没有多高的智商,我们能做到的,别的妈妈、孩子也一定能做到。我们的真实经历、我们的故事,也许会给中国家长和孩子带来些许信心和慰藉:努力创造一个多一点阳光的小环境,孩子健康成长并不难。

　　我们深知:上名校与人生成功是两回事,正如麻省理工学院一位教授所言："对于每一个中国式家教所创造的奇迹，我们都要耐心等待后续章节的展开。"正是因为雯雯考上了世界一流名校，又有勇气按照自己的兴趣选择更适合自己的学校而放弃名校，而后能在世界人才的激烈竞争中胜出，再后又能以一己之长服务于社会和安身立命，并能够保持心智健全、身体健康，生活充实愉快，我才有兴趣和勇气写下我们的经历和故事。

在阅读过数百本有关当今家庭教育的图书后，我决定从一人"独白"变为与女儿的"二重奏"，从最初的二十多万字浓缩到几万字。五〇后与八〇后，一同经历生命，一同分享生命，用平等、开放的心态回望、检视共同走过的路，没有说教、没有权威、没有高下之分，这本身不就是家庭教育的真谛吗？生命没有标准答案，成长没有年龄大小。但愿在崎岖而明丽的生命成长路上，我们与孩子相互激励、相互守望。

感谢三联书店的李昕先生、张志军女士和本书责任编辑黄新萍女士，在我们母女的写作过程中，他们给予了极大的帮助，是他们促成了本书的出版；感谢我的先生、我的女儿，他们是上帝给予我的挚爱；感谢所有关心此书的朋友，感谢我和雯雯生命里无数的朋友，是他们给了我们前行的动力。

愿天下的父母快乐！愿天下的孩子幸福！

刘曼辉

┃附　录

家长和网友问母女的提问

网友问雯雯

Q：如果这二十几年让你重活一遍，你最愿意改变什么？

A：我什么都不愿意改变，这大概就是我最大的幸运，走过的路回头看，没有什么值得后悔的。

Q：很多人把你视为成功的典范，你怎么看？

A：我太受宠若惊了。说实话，我觉得自己只是一个幸运儿而已，在适当的时候得到了家人和朋友的支持，顺利地走过了这几十年。而且比我优秀的人多得是。我写这本书不是因为觉得自己多特别，而正是因为自己的平凡，所以希望通过和大家分享平凡的经历，对大家产生些许受用之处。

我深知我自己所面临的危机：因为没经历大的挫折（如果当年没有如愿上北大而去了北外算是个挫折的话，但是我恰恰觉得上北外学德语是我人生的拐点，因为我找到了自己的优势——语言），所以我不知道对于挫折，自己的心理和生理承受底线在哪里，面对失败，我是否会一蹶不振。

我的强项也不过只是两门外语，再加上与人沟通的能力。我努力的动力之一是对经济独立财务自由的渴望，也许放弃牛津大学是因为伦敦政治经济学院奖学金更高些吧，呵呵。

Q：在你眼中好父母应该是怎样的？

A：能放手的父母在我眼中就是最好的。家长不要总盯着孩子，更不要代替孩子干这干那，你就放手让孩子做好了，孩子饿不死，他饿了就会去吃东西，想出去玩就让他去，如果实在不行，他就会好好学习。孩子上什么学校、做什么工作、赚多少钱、与什么样的人成家，这些都是身外之物，只要他有很健全的人格、很独立的人生、很快乐，而且是他自己的选择，这就够了。

Q：作为独生子女，如果我们在外甚至如你一样在海外求学工作，那我们如何孝敬父母呢？

A：这是我现在常常思考的问题，也是我们这代人要面临的问题，就是孩子在国外，不在父母身边，父母老了怎么办？我现在更多的是对父母的愧疚，因为十年不在他们身边，在他们需要照顾和支持的时候我却在海外寻梦。他们以后更需要我在身边，我一定会多回国看望他们，也接他们和我一起生活。在我出国之后，爸妈养了一条狗，几乎完全取代了我的地位，因为他们把它当儿子养，常常不由自主地跟狗说心里话。作为女儿，有时我真不知道自己是成功还是失败。幸好现在有了微信，联系起来方便许多，每天发发照片留段语音，其实保持联系也并没有那么难。

家长问妈妈

Q：你们的教育模式简单归纳是什么？

A：我们尽量做到五多五少：保护多，培养少；沟通多，指责少；平等多，权威少；放手多，强迫少；反思多，管得少。

Q：现今的教育环境里如何保持清醒的头脑，做到不从众呢？

A：最重要的是从自己孩子的实际出发，搞清楚自己到底要给孩子什么。我的体会是，家长要做的是抓两头，放中间。所谓两头，一头是孩子身上独有的特质和特别感兴趣的事，这件事哪怕在你眼里微不足道，甚至"不务正业"。在这件孩子特别感兴趣的事上，家长要做足功课，要不惜血本，不惜代价，因为，这可能是孩子一生快乐、幸福的基石，也是孩子走向自信、成功的第一步。另一头是孩子的短处。要知道孩子的短板在哪里，也就是制约孩子进步的致命弱点是什么，比如干事虎头蛇尾、自控力差、不会与人打交道等等，在孩子短板这块家长要下大力气、大功夫，创造条件让孩子改变。还有一点是家长要去除自己的虚荣心、面子，不要逼着孩子上重点学校，如果孩子跟不上进度，不但孩子难受，还会从根本上失去自信，搞不好就把孩子毁了。

Q：家长工作忙没有时间陪孩子，怎么办？

A：关键不是花多少时间和孩子待在一起，比如规定自己一天或一周必须和孩子待几次、几小时，而在于你真正和孩子在一起的时间，也就是和孩子共同沉醉于某件事的时间，这个时间被称为"优质时光"。

在这一段时间里，你的身心要全然关注孩子，和孩子融合在一起。比如与孩子一起搭积木、捉迷藏、讲故事、周末旅行等，与十几岁的孩子谈生活、社会上的事，议物价上涨、评《非诚勿扰》、谈新上映的电影等等。这段时间是你和孩子真正在一起的时光，而不是你一边看电视、做饭，一边心不在焉地应付孩子的问话，那样你和孩子仅仅是在同一个时间在同一个地方待着而已。

家长忙没关系，要记住，你和孩子一起要拥有"优质时光"，不在于时间长短，半个小时或40分钟足矣。

Q：很怕犯错，小心翼翼，生怕做错一点会伤害到孩子，感觉当妈妈好累。

A：不要紧张，我们是可以犯错的，我们不可能时时刻刻都会做出正确的决定，孩子们也不需要绝对"完美"的生活，那样，孩子会经不起一点风雨，正如生活在无菌的空气中会丧失免疫力一样。

事实上，许多成功人士的童年离"完美"相差甚远。美国总统奥巴马的父亲在他小时候就抛弃了他们全家。20世纪最重要的政治家英国首相丘吉尔是一个早产儿，由于父亲伦道夫·丘吉尔忙于政治而母亲又沉湎于交际之中，丘吉尔少年时代很少感受到父母的关爱。当7岁的丘吉尔被送入一个贵族子弟学校读书后，他是学校中最顽皮、最贪吃、成绩最差的学生之一。贝多芬的父亲嗜酒如命，性格暴躁，常用十分粗暴的态度强逼小贝多芬学拉小提琴。近代音乐始祖、被世人尊称为"音乐之父"的巴赫9岁时丧母、10岁时丧父，从小就成为可怜的孤儿。但不幸的童年并没影响他们成为世界巨人。

我们给孩子施加的影响，并不是决定孩子发展的唯一因素，学校、社会、同学、其他亲人都会对孩子的成长产生影响，而且，我们的错误未必会对孩子造成什么不可修复的伤害。每个生命都有顽强的修复能力，所以，让自己放松。

Q：看了很多教育方面的书籍，希望找到好的教育方法，但在教育孩子过程中还是遇到大量的困惑和烦恼不会处理。

A：看书的目的是悟出教育的本质，掌握教育的规律。而适合您孩子的个性化方法，是在以上基础上靠自己总结出来的。如果遇到问题就依赖书本，请教育专家支招，那只是"受人之鱼"，永远也解决不了您层出不穷的问题。我们家长需要的是"受人之渔"，寻找方法是最表层的需求，如果您悟出了教育本质，掌握了教育基本规律，自己就可以创造出无穷的解决办法。

Q：现在书店和网络有大量有关家庭教育的书籍，不知选什么书看，您可以为我们推荐一些您认为必看的书吗？

A：近几年，我集中看了一大批教育书籍，大约有一百多本。我看书开始不看前言，不看介绍，直接看内容，自己做评判，结果很有意思，慢慢看下来，一大堆书如浪淘沙，有9本书看了还想看，反复看了多遍，特别有体会。再详细看介绍，方知9本书都是教育类书籍的经典作品。这些书我放在了床头，成了常看常新常有感悟的书。

首推法国启蒙思想家、教育家卢梭的《爱弥儿》。这是一本理论书籍，但并不枯燥。

德国哲学家康德指出："卢梭是另一个牛顿，牛顿完成了外界自然的科学，卢梭则完成了人的内在宇宙的科学，正如牛顿揭示了外在世界的秩序与规律，卢梭则发现了人的内在本性。"

有人认为：只要柏拉图的《理想国》和卢梭的《爱弥儿》存在，那么，即使所有的教育文献都消失了，教育学的理论和现实也不会受影响。"而对于现代人来说，只需要拥有一本《爱弥儿》就足矣。"这句话，是该书译者彭正梅的话。读了多遍《爱弥儿》后，我觉得这句话没有夸大其词，十分赞同。这本书对于教育的本质和如何教育孩子的确有许多真知灼见，尤其对于极其重视孩子教育又焦头烂额的父母来说，具有振聋发聩的作用。

第二本是美国著名心理学家弗洛姆的《爱的艺术》。

这本书也是一个奇迹，1956 年一经问世，便被翻译成 20 多种文字，至今长销不衰。

这本书从心理学的角度告诉我们：什么是爱，如何去爱，母爱、父爱、性爱、博爱……的不同，尤其"父母和孩子之间的爱"这一章可以让我们明白怎样爱孩子才不会让孩子窒息、反感、逃跑；什么样的爱孩子可以感受、接受，并成为一个懂爱会爱的人。

第三本书是日本作家黑柳彻子的《窗边的小豆豆》。

这本书刚拿到手，我便一口气读到了半夜，边看边笑边哭，爱不释手，连续看了三遍，太好看了。由于太喜欢这本书，我收集了有关作者黑柳彻子的所有资料，又连续购买并阅读了 6 本由黑柳彻子和她的妈妈黑柳朝撰写的系列图书。那段日子，我如同着了魔般，脑子里全都是小豆豆。

这本书用一个 7 岁小女孩的经历告诉世人，没有不爱学习的孩子，没有天生愚笨的孩子，没有心地不善良的孩子，没有不懂爱的孩子……关键是你能否碰上像小林校长这样的老师，或能否当一个理解孩子的父母。

第四本是《水知道答案》。

这本书令世人震撼。日本著名作家、医学博士江本胜从 1994 年起，在冷室中以高速摄影的方式来拍摄水结晶照片，结果发现了水的"心"：当你对它微笑时，对它说"爱"和"感谢"时，它心花怒放，会结出美丽完整的六角形；当你责备它、训斥它"浑蛋"时，它的"心"会哭泣，水几乎不能形成结晶；听到古典音乐的水结晶风姿绰约，听到重金属音乐的则歪曲散乱……本书出版后，旋即引起了世界性的轰动，不仅掀起了一波波关注水的热潮，也唤起了人们对"爱""感谢"的珍惜和赞美。

看了这本书后，我不仅会对动物说话，给植物浇水时也会说：你真漂亮，我爱你，喜欢你。真的很神奇，这样做后，我家的狗儿、鱼儿、花儿都生机勃勃，好像特别欢乐。我的亲戚朋友们会把养不活的金鱼、快枯萎的花草送到我家，以为我有什么灵丹妙药。其实非常简单，多说、多念、多思"爱""感谢"，并传递出去，你生命中的一切都会益然勃发。

第五本是《少有人走的路》（直译《心灵地图》），作者是美国著名心理医生 M.斯科特·派克。

看完这本书我才明白为什么雯雯的美国经理极力推荐这本书，为什么雯雯说这是对她影响最大的书，为什么没做任何宣传，仅凭口耳相传，就达到了三千万册的销量，创造了美国乃至世界出版史上的一个奇迹。正如本书前言所说："它跨越时代限制，帮助我们探索爱的本质，引导我们过上崭新、宁静而丰富的生活；它帮助我们学习爱，也学习独立；它教诲我们成为更称职的、更有理解心的父母。归根到底，它告诉我们怎样找到真正的自我。"

我向所有渴望孩子成才的父母，向所有渴望成功的年轻人郑重推荐这本书，你会对自己、孩子有惊人的发现，你会对人生的许多疑团恍然大悟，你会帮助自己和孩子走向一条虽然不轻松但却意义非凡的心智成熟之路。

第六本是《中毒的父母》。

作者苏珊·福沃德博士是美国著名心理治疗师、演说家和作家，她曾在美国广播公司主持谈话节目长达 6 年，是媒体访谈节目的宠儿。这本书一问世就登上《纽约时报》畅销书第一名的宝座，它告诉人们：你内心深处那些痛苦的、灰暗的，一直以来难以被别人和自己所理解接纳，似乎根本无处安放的感受，其实来自你的家庭，而且主要来自你与父母的关系。

在书中"控制子女的父母"这个章节，苏珊·福沃德博士列举了大量案例，演示父母控制子女生活的各种"本领"，那正是中国父母最常见的"中毒症状"，阅读时要重点关注。

第七本是《亲爱的安德烈》。

很多父母发现，自己含辛茹苦养大的儿女，好像是距离最近但也是最远的人，虽然心中有爱，但却无法自由地流动。正如这本书的作者龙应台女士所说："多少父母和儿女同处一室却无话可谈，他们深爱彼此却互不相识，他们向往接触却找不到桥梁，渴望表达却没有语言。"

收入此书的是"华人世界第一支笔"龙应台和她18岁的儿子安德烈之间的三十多封书信。这些家书袒露了两代人心灵的碰撞、交融。

第八本是《好妈妈胜过好老师》。

这本由教育专家尹建莉所著的书，创造了近年中国出版界的奇迹，5年时间已经连续印刷67次，销售已超过540万册。本书融专业性、操作性、文学性于一体，深入浅出，理论与实践结合，改写了家教书以经验性、说教性为主的枯燥、低端形象。书中给出许多简单而又实用的操作办法，使父母们不仅可以获得许多有效的经验，教育意识也随之改善，是非常实用的工具书。

第九本是《拿什么来爱你，我的孩子》。

这本书由国内著名教育专家孙云晓、报告文学作家阮梅合著。作者对中国未成年人心理危机进行了长达7年的调查，列举了大量的事实和调查数据，通过数百名少年走向"不健康"的苦痛心理历程，说明在孩子面前，我们是需要忏悔或反思的——家庭、学校、社会乃至于每一个人。

以上九本书的确是教育经典，要反复读反复思考。书不在读得多，在于掌握精髓。很多家长似乎在具体教育问题上有诸多困惑，其实，有了正确的教育理念，每个人都会创造出无穷无尽的教育方法。

一则教育案例
10 岁的他为何不想活了？

刚满 10 岁的丁丁是被妈妈生拉硬拽到我家里来的。

几天前，他翻越 15 楼的栏杆要跳下去，嘴里喊着不想活了。被家人拉住后，他又用保温杯使劲敲打自己的头，不停地用头撞墙。学校让丁丁暂时休学，要家长带他去看心理医生。

丁丁的妈妈介绍说，丁丁是因为和班上的一个男生打架打输了才这样的。

我知道，原因当然不会这么简单。

我设计了一个场景，请他们到我家包饺子，还准备用上我家的宝贝——狗狗"科比"。

丁丁被拖进家门后，一看见狗狗，马上瞪着眼将手摆成手枪状对着"科比"恶狠狠地说："你走开，我打死你！"一向很温顺、很喜欢客人的"科比"躲在茶几底下，不停地向丁丁吠叫。

"你喜欢狗狗吗？"我问。

"不喜欢！"

丁丁一脸的厌烦。

"我家还有小金鱼，你喜欢吗？"

"不喜欢，我什么都不喜欢！"丁丁皱着眉，挥起手，高声地喊叫着。

丁丁是一个眉清目秀的男孩，白净的脸上透着一股倔强，身板有点瘦弱。现在，他全身的神经和肌肉都绷得紧紧的，已经到了歇斯底里的地步。

我不再说话，邀请丁丁的妈妈和我一起到厨房包饺子。

丁丁转到我的书房里，在电脑上打开游戏，娴熟地玩了起来。

我知道机会来了。

我坐到丁丁身边，饶有兴致地看着丁丁玩游戏，丁丁的手飞快地转动着鼠标，杀死一个又一个"敌人"。"啊，你太厉害了，反应真快！我还没看清楚敌人在哪里。"我时不时小声夸奖道，很专心地看着。大约半个小时后，丁丁身上的肌肉开始松弛下来。

"你真的很聪明。"我由衷地赞叹。"老师说，聪明要用到正道上。"丁丁开始和我聊天，但我没有接丁丁的这句话。

"你教我玩吧，我从没玩过，不知道学不学得会。"我说。

丁丁来了兴致，他从椅子上站起来让我坐，然后告诉我如何玩。

"哇，我赢了！"我一边玩一边高兴得手舞足蹈。

丁丁苍白的小脸上露出了可爱的笑容。

"你在学校可以玩游戏吗？"我围绕着丁丁喜欢的事继续聊天。

丁丁的话多了起来："有的同学家每天给他100块钱玩，我妈妈只给我3块钱。"

"那他给你玩吗？"我暂时避开钱的话题。

"给啊，因为他是我的死党。"

"喔！"

"我有二十多个死党。"

"那你是小头目吧？"

丁丁得意地点点头。

我突然说："老师的话也不是全对吧，如果你觉得老师的话不对，你可以从这个耳朵进那个耳朵出。"

丁丁的妈妈也站到了我们身后。"丁丁，你看阿姨家这么多书喔。"

丁丁的妈妈又说："你看阿姨写了好多文章啊。"丁丁说："我看了，太长了。"

"丁丁说得对，阿姨的博客是写长了，以后我会注意。"我真的感觉这个孩子有很强的观察力，也很敏感。

"你看，阿姨好谦虚啊，小孩子的话阿姨都听。"丁丁妈说。

突然一声响，桌上一个东西掉到地上。丁丁以极快的速度说："是眼镜盒。"丁丁的妈妈瞪了丁丁一眼。

丁丁的神情又黯淡下去了，他不再说话，趴在桌上独自玩游戏。

从这对母子进门起，我就一直在观察他们的行为。

我把丁丁妈带到另一房间，说了我的看法：丁丁没有问题，是你们的家庭教育有些问题。

然后给丁丁妈布置了作业：1. 暂时停止责备。不管丁丁是否做错事；2. 每天表扬丁丁10次，把表扬的内容记下来；3. 推荐看三本书，即《水知道答案》《窗边的小豆豆》《孩子的错都是大人的错》。一周后，再带孩子和作业来找我。

我和丁丁妈谈话时，丁丁躲在门口听着。接下来，又发生了一件事。

临走前，我让丁丁给"科比"喂饭。"科比"还是躲在桌子底下，警惕地打量着丁丁，丁丁主动用手抓起食物递给"科比"，还亲热地摸"科比"的头。"科比"眨巴着长长的睫毛，杏仁般的眼睛里流露出受宠若惊的神情。

一小时后，丁丁的妈妈打电话来，兴奋地说："真是奇迹啊，太奇怪了，丁丁好高兴啊！"

什么奇迹呢？在回家搭车的路上，丁丁说："妈妈你不要担心，我以后会高兴的，我高兴了妈妈才会高兴。"还说想让刘阿姨和"科比"到他家去玩。然后提出想去看望一位同学，因为这位同学一直很关心他。当丁丁看到座位前面的一位老爷爷肩膀上有一根头发，就主动帮老爷爷拿了下来。老爷爷笑着夸丁丁："这孩子真懂事。"

丁丁的妈妈说，这些天，丁丁一直绷着小脸，没有一点笑容，丁丁的妈妈和爸爸看到丁丁的状况，又难受又焦虑。但是这个晚上，丁丁和妈妈不停地笑，丁丁情绪高涨，久违的生气又回到了他的身上，乌云密布的天空好像一下子转晴了。

当他们离开我家10分钟后，我给丁丁的妈妈打了一个电话，这个电话很重要。

丁丁那天在我家临吃饭前坚决要走，原因是发生了一件事。当他在电脑上玩游戏时，电脑突然关机了，丁丁不敢告诉我。他妈妈知道我正在写文章，不知保存了没有。

等我查看后，发现文章没有丢失，我先生说，是因为电脑内存不够导致的停机。我赶紧打电话告诉丁丁的妈妈，让丁丁放心，电脑停机不是他的过错。

这个电话让丁丁悬起的心放了下来，之前他一直处在害怕、担心之中。

丁丁妈妈说："刘老师，这是怎么回事，丁丁为什么变高兴了？他从没有邀请过别人到我家来玩，他为什么这么喜欢你呢？"

其实，我做的事情很简单：陪丁丁玩，专注地听他讲话，真心地夸几句，投入地玩丁丁教给我的游戏，从头到尾，我只字不提"为什么你不想活了"。

看似简单的行为，却包含了几个教育孩子的重要元素：

首先，全然接纳孩子。

丁丁到我家来时，全身肌肉紧绷，精神高度紧张。在他身上，我看到无数双眼睛在"监视"着他——家长、老师。当看见"科比"朝他吠叫时，他摆出了打斗架势；当他不小心碰掉了眼镜盒，就飞快地解释；当他看到电脑突然停机，拔腿就走。这些举动说明他在努力保护自己，更说明他的安全感已降到负数，他虚张的强势下面其实有许多的害怕、担心、恐惧和孤独。

什么是"全然接纳"？就是不管孩子做什么、说什么，不去做否定的评判，只是专注地听，专注地看，专注地和孩子一起玩。在这种氛围下，孩子不用担心做错或说错会受罚、受指责，不用担心被扭曲、被误解，这样的接纳让孩子免于害怕，产生安全感。

第二，平等地与孩子相处，让孩子产生信任感。

什么是信任？信任就是一种信心，相信另一个人会让自己放心，不用担心，不用怀疑，不用戴面具。在信任下，一个人才能无所牵挂地显露真情，说自己想说的话，干自己想干的事。

我之所以不问丁丁是什么原因让他不想活了，是因为我知道丁丁相信我后，会主动说出他的担心和害怕。小孩子不会隐瞒自己的情绪，他想哭就哭，不高兴就会耷拉着脸，不想活了是觉得没意思。他只是不知道是什么让他产生了这些负面情绪。

当我陪丁丁玩了近一个小时后，我说要去厨房包饺子了，丁丁此时已对我产生了信赖感，一个劲恳求我继续和他在一起玩。

第三，真诚地告诉孩子对他的欣赏。

每个人都有被尊重、被肯定、被重视的需求，当这个需求被满足之后，人的自信心会增加，否则，自我怀疑、自我否定会很容易产生。

我把丁丁妈带到另一房间，说："丁丁没有问题，你们的家庭教育有些问题。"问题在哪里？在于丁丁的父母过度教育、过度关注、过度比较。比如前面提到的：丁丁的妈妈不停地说："你看阿姨家这么多书喔""你看阿姨写了好多文章啊""你看，阿姨多谦虚啊，小孩子的话阿姨都听"，在"你看……"的后面，丁丁可以感受到妈妈对他的不信任，可以时时处处感受到妈妈对他的"教育"，可以感受到"别人"如何好，而"自己不够好"。

丁丁的妈妈不知道，正是她无处不在的"教育"和"比较"（当然也包括学校、社会）才会使孩子产生强烈的自卑、不自在、被束缚感。

我们暂且相信引发丁丁不想活的导火线是和班上一个男孩子打架输了，那么为什么丁丁如此看重输赢呢？原因只有一个——丁丁想展示自己的"强"，这个"强"的后面隐含着证明"我不是笨蛋""我要强给你们看看"的意图。

丁丁是个非常聪敏、自尊心很强的孩子，他非常渴望妈妈爸爸以及周围人能够相信自己、肯定自己，他比一般的孩子更需要得到认可和赞美，他很在意旁人的评价，所以他悄悄地躲在门后听我和他妈妈的谈话。

我对丁丁妈说："你'太像'妈妈了，不要以为我们比孩子懂得多，不要把自己当权威，不要时时刻刻履行家长的'职责'，10岁的孩子已经可以分辨什么是对、错，我们最重要的职责不是喋喋不休地教孩子要这样、要那样，而是要保护孩子的自尊心。"

我只给了孩子一点点接纳和认可，孩子天生的优秀本质就流露出来了。丁丁在回家的路上，主动帮助不相识的爷爷弹下身上的头发，告诉妈妈不要再担心，要去看望一直关心他的好朋友，邀请我和狗狗到他家去玩。他不再沉浸在自己的负面情绪里，而是有能力关心他人了，这是真正的"奇迹"所在。

其实，培养一个心理健康的孩子不需要太高的学问，只要去满足孩子的基本需求——被接纳、被尊重、被关心、被爱的需求。容易吧！

当然，要做好也不是那么容易的。五天后，我又接到丁丁妈一个焦虑的电话。

丁丁妈告诉我这几天丁丁表现得非常好，每天自觉地看书学习，还主动帮妈妈做事，情绪也很好。但是，丁丁妈着急地说，就是玩游戏很上瘾，尤其是玩一种杀人的游戏不肯放手，丁丁妈多次劝阻不见效，按照我提出的要求又不能打孩子，满腔怒火的丁丁妈抓起板凳把桌子砸了一个大洞。

"我该怎么办？"丁丁的妈妈语气里充满了焦虑。

很多孩子都会玩游戏上瘾，但真正沉溺网络游戏完全不能自拔的只是少数，大多数孩子迷恋网络，是因为现实生活中没有足够吸引他的东西，这需要从家庭环境、家长行为和学校环境中寻找原因。

丁丁是否沉溺网络？为什么如此喜欢杀人的游戏？我还不了解真实原因，当前最主要的任务还是提高丁丁对生活的兴趣。

电话里我给丁丁的妈妈布置了第二次作业：

1. 不禁止孩子玩网络游戏，但要与丁丁约定好时间，到时间后妈妈可以断开网络；

2. 每天陪孩子玩一个小时，包括与孩子玩网络游戏；

3. 每个礼拜送孩子一个礼物，礼物不一定要花钱，可以是孩子喜欢的东西，也可以是一张明信片、一个自己做的小手工、一片枫叶……我还建议第一次送礼物不妨就送丁丁最喜欢的游戏卡。这些作业的目的还是为了让丁丁感受妈妈爸爸对他的尊重、理解和爱。

为了答应丁丁的邀请，同时了解丁丁喜欢玩网络杀人游戏的真实原因，我决定到丁丁家去看看。

知道我要来的消息，丁丁高兴得不停地向周围人宣布："我的阿姨要到我家来了！"我真的很感动，孩子已把我当成他最喜爱的人了，称呼"我的阿姨"，其实我不过是给了孩子一点点鼓励、信任和赞美。那天，他和妈妈一路蹦蹦跳跳走了一站多路来接我和狗狗"科比"。

丁丁的家在市内繁华地带，那是丁丁的爸爸妈妈辛辛苦苦打工多年买下的一套二手房，虽然是老房子，又是一楼，面积也不大，但房间里收拾得干干净净。

丁丁做的第一件事就是拿出妈妈昨天送给他的游戏卡给我看，还让我看他爸爸给他新买的书架、他家的小小后院、冰箱里妈妈买的一袋鸡腿肉，还告诉我他喜欢的书籍。丁丁对"科比"也特别友好，摸着它的头问想吃什么。

我拿出送给丁丁的礼物——一个在英国买的"路虎"车模、一套书。我让丁丁翻译出车模的说明，然后告诉我，我说我没看懂（我的用意是让丁丁自己翻译出来产生成就感，并加强自信，我知道丁丁最喜欢英语，而没有教训丁丁要好好学习），丁丁有点不好意思地点头答应了。

丁丁打开电脑告诉我他下载的游戏，"全都是打打杀杀的"。注意，我没有问丁丁一句关于玩网络游戏的事，是他主动说起的。孩子是不会隐瞒自己的。

"喔，你很喜欢吧？"我问。

"是的。"

"为什么呢？"

丁丁犹豫了一下小声说："在家里爸爸妈妈打我，在学校同学打我，我打不赢，在网上我可以随便打呀杀呀。"

"哦，你打赢了很痛快吧？"

"嗯。"丁丁的小脸露出得意的微笑。

丁丁喜欢玩网络杀人游戏的真实原因露出端倪：现实中得不到尊重，逞不了强，就到网络上去发泄，虚拟的世界可以补偿现实中的缺憾。

我坐在丁丁旁边，和丁丁妈一起看她每天表扬丁丁的记录。

3月7日：

1．今天丁丁说：不懂的不要自作主张，否则永远不会知道正确答案。

2．中午自己煮面条。

3．下午主动浇花，还在花盆里支了几根架子，妈妈问："你为什么要支架子啊？"丁丁说："小花弯腰了，它需要帮助。"丁丁还说："小花就像我自己，有时碰到困难需要老师和妈妈的帮助。"

4．妈妈头昏不舒服，丁丁和爸爸一起去给妈妈买药。

5．丁丁看到杂志上的一篇文章《但丁索鱼》，内容是但丁参加一个会议，主办方给了但丁一条小鱼，但丁想了办法换成了大鱼。丁丁对妈妈说："但丁用智慧换了大鱼，还博得了别人的尊重。"

我一边看一边感叹："这是丁丁说的？真有哲理，真好，丁丁真了不起！"在一旁玩游戏的丁丁听到夸奖，脸上泛起了光彩。

说实话，看了丁丁妈简单的记录，我从心里感叹，孩子像钻石一样闪闪发光，孩子出现的问题的确是我们——家庭、学校、社会的责任。

丁丁妈还告诉了我许多学校批评孩子的事：丁丁的漫画书被没收了，老师说上课不能看下课看也不行；老师说他上课不专心，其实课程内容丁丁早就懂了；老师说他作业马虎，因为丁丁觉得不需要做那么多遍……每天丁丁都要挨批评。

丁丁妈说，自从按照我布置的作业——少责备、多表扬孩子，送孩子礼物，陪孩子玩，看有关教育书籍后，丁丁的情绪好多了，丁丁看了妈妈的记录不敢相信自己："我有这么好啊？"

我对丁丁妈说："丁丁不但是个正常的孩子，还是个优秀的孩子。他渴望自由，不喜欢按部就班、规规矩矩，他比一般孩子更不适应高压下的应试教育，更不屈从家庭中的权威说教，对这种有个性的孩子，如果我们能像《窗边的小豆豆》中的小林校长那样，真正热爱孩子、信赖孩子、尊重孩子，不知道丁丁将会怎样地快乐和出色。"

几天后，丁丁复学了。到校的第一天流着眼泪与送他到学校的爸爸分手。我能理解丁丁的心情，他是害怕，规规矩矩做个"乖孩子""好孩子"这条路对他而言好难啊，面对他的，可能还是训斥、批评，在老师眼里他还是属于另类，还是需要找心理医生。斥责声中丁丁会继续怀疑："我有这么好吗？"

而我能做到的就是帮助丁丁的父母改变观念，不按照统一的模式打造孩子，多给孩子一些包容、理解、肯定，多给孩子一些阳光。至少，在家庭这个小天地中没有恐惧，只有信任。那么丁丁就可以挺起胸膛大声地说：我就有这么好！